广东靓汤

1688例

甘智荣 主编

U0318503

江西科学技术出版社

图书在版编目（CIP）数据

广东靓汤1688例 / 甘智荣主编. -- 南昌：江西科
学技术出版社，2017.10
　　ISBN 978-7-5390-5669-2

　　Ⅰ.①广… Ⅱ.①甘… Ⅲ.①粤菜－汤菜－菜谱
Ⅳ.①TS972.122

中国版本图书馆CIP数据核字(2017)第217852号

选题序号：ZK2017220
图书代码：D17064-101
责任编辑：张旭　王凯勋

广东靓汤1688例
GUANGDONG LIANGTANG 1688 LI

甘智荣　　主编

摄影摄像	深圳市金版文化发展股份有限公司
选题策划	深圳市金版文化发展股份有限公司
封面设计	深圳市金版文化发展股份有限公司
出　　版	江西科学技术出版社
社　　址	南昌市蓼洲街2号附1号
	邮编：330009　电话：（0791）86623491　86639342（传真）
发　　行	全国新华书店
印　　刷	深圳市雅佳图印刷有限公司
尺　　寸	173mm×243mm　1/16
字　　数	200 千字
印　　张	22
版　　次	2017年10月第1版　2019年4月第9次印刷
书　　号	ISBN 978-7-5390-5669-2
定　　价	39.80元

赣版权登字：03-2017-314

目 录 CONTENTS

第1章
滋补广东汤，美味又营养

第2章
一年四季，以汤养生

冬季，培元强身进补佳

第3章
按需喝汤，合理滋补

第 4 章
因人而异，全家进补

儿童：活力成长汤

男性：强身健体汤

太子参淮山药鱼汤

当归红枣猪蹄汤

第1章

滋补广东汤，美味又营养

　　餐桌上有碗热气腾腾的鲜汤，常使人垂涎欲滴，特别是在冬春季，汤既能助人取暖，又能使人胃口大开。

广东汤的传统

汤是广东饮食习惯中必不可缺的部分。广东人"无汤不欢"的传统的形成主要是由于地理和气候特点。据史书记载："岭南之地，暑湿所居。粤人笃信汤有清热去火之效，故饮食中不可无汤"。岭南地区在古代外有瘴气内有猛兽，气候又比较湿热，身体的水分比较容易流失，这影响了在广东生活的人们的胃口和食物吸收，长期生活在此处容易上火内热，于是当地人就地取材，以汤水解暑热湿毒，煲汤后由此演变而来。因此，长久以来，广东人喝汤煲汤都是遵守自然与人的养生规律，根据身体的变化，喝汤调理。

广东人煲汤不同其他地方，首先对炊具有讲究，用的是厚厚的砂锅。汤则慢慢煲，煮熟后还要小火焖四五小时，认为这样煲出的汤才能原汁原味。广东人煲汤，喜欢在汤里加各种药材，那是因为广东人把汤煲当作了药膳的一种，在享受美味的同时得到食疗的效果。例如，广东人煲汤常用枸杞红枣，是因为枸杞可以明目，而红枣可以补血，等等。

不同的时令煲不同的汤：养胃的、去湿气的、下火的，夏季的冬瓜排骨、冬季的土鸡茶树姑，花旗参、贝母、红枣，他们放入不同的药材，一道道汤料煲出不同口味的汤。广东人吃饭时汤是必不可少的，并通常饭前喝汤，而越到土生土长的广东人家，越能喝到地道的口味。

在材料处理上，都有很大讲究，如肉类，基本是会用开水烫一次，清掉血水，药材也通常用温水泡开。有一点要注意，煲汤的水，一般是先煮开，然后才放材料。很多时候，有些人是直接放冷水和烫料一起煮，其实广东人很少这样做。

在时间的控制方面，并不是所有的汤是煲得久才有益，这要看材料，有些药材在煮的过程中，有一定的时间要求，比如龟板等，要熬久一点才有药效。

广东汤的又一个特点是不喜欢像别的地方大多下各种调味料，通常只加一点点的盐提味。因为汤煲会把各种肉的骨头里的鲜味熬制出来，如果再加别的调味料反而影响汤的鲜甜。

汤是营养品和水的结合物，饭前喝一碗，既可以补充水分，让人胃口大开，又利于人体的消化和吸收。

中医认为空腹喝汤能起到驱赶寒气、荡涤胃肠、疏通肠道等功效；现代医学研究也证明餐前先喝汤有利于保护胃黏膜，刺激胃液和胃酸分泌，有利于消化吸收，还可以减肥。但是，汤味虽好，也不要煲太久，那样会破坏好多营养成分，损失一些微量元素，反倒对身体产生不利影响。

好锅具才能煮出靓汤

砂锅

　　砂锅是一种砂质陶土为材料的锅具，没有上釉的称为瓦锅，保温效果好，可以保持食物的美味。由于砂锅的口一般比煲锅大，可以用来料理体积大的食材。砂锅的透气性好，煲出来的汤浓郁醇香，但是容易裂开，使用寿命短，因此要注意保养，切忌用大火。

瓦罐

　　瓦罐是由不易传热的石英、长石、黏土等原料配合成的陶土经过高温烧制而成，其通气性、依附性好，还具有传热均匀、散热缓慢等特点。煨制鲜汤时，瓦罐能均衡而持久地把外界热能传递给内部原料，煨出的汤滋味就越醇，食品质地越酥烂。

高压锅

　　使用高压锅煲汤时，温度可达120℃，食物中的部分维生素和烟酸因不耐高温会损失很多，但蛋白质、脂肪以及淀粉的损失极小，加工后更便于人体吸收。高压锅最大的优点就是迅速、效率高，适合时间宝贵的上班族。

炖盅

炖盅的一般材料为陶、磁、紫砂制，体积大多不会太大，而外面会需要大一点的水锅，只要慎选炖盅材质，外面的水锅形式不拘。隔水炖时切忌用旺火久烧，只要水一烧开，就要转入小火慢炖，一般炖四小时。注意炖盅为砂锅材质，怕热胀冷缩而爆裂，用完后，需等炖盅自然冷却方可放入水里泡洗。现在市面上有卖电子炖锅，也是安全无虑的好选择。

不锈钢锅

不锈钢锅是家庭准备餐点的好辅具，价格不贵，好清洗和保养，用于煲汤效果尚可，是没有砂锅时的最佳选择。它亚于砂锅的原因是，其温度是由火力来维持的，受热快散热也快，蓄热效果差，相对的煤气使用量也多。用不锈钢锅煲汤时要注意火候的控制，不然挥发较快，容易烧干。所以使用时，一定要注意火焰不要超过锅底底盘，以免导致锅具发黄或发黑。

靓汤还需好药材

煲汤时加入中药材，可以借助药效提高汤的营养价值及食用功效。而不同的药材性质和特点各不相同，在选用药材煲汤之前，最好先结合医生辩证分析体质属性，根据身体的状况选择不同的中药再用药膳调养。例如身体火气旺盛，可选择寒性中药；如果身体寒气过盛，就应该选择热性中药。

山药

属性： 味甘，性平。

功效： 具有补肾、益精、润燥、滑肠等功效。可治男子阳痿，女子不孕、带下、血崩、腰膝冷痛、血枯便秘等病症。它是男性和女性滋补的佳品。

当归

属性： 味甘、辛，性温。

功效： 可补血活血、润肠通便。用于血虚萎黄、眩晕心悸、月经不调、经闭痛经、虚寒腹痛、肠燥便秘、跌打损伤等。

甘草

属性： 味甘，性平。

功效： 具有补肝肾、暖腰膝、助阳、固精的主要功效。多用于阳痿、遗精、遗尿、小便频繁、腰膝酸软、冷痛、白带过多等病症。

白术

属性： 味苦、甘，性温。

功效： 有补脾益胃、燥湿和中之功。可治脾胃气弱、倦怠少气、虚胀腹泻、水肿、黄恒、小便不利、自汗、胎气不安等症。

阿胶

属性： 味甘，性平。

功效： 阿胶主要具有滋阴补血、安胎养气的功效。可以治疗血虚、虚劳咳嗽、吐血、衄血、便血、妇女月经不调、崩中、胎漏等女性疾病。

黑芝麻

属性： 味甘，性平。

功效： 具有补肝肾、益精血、润肠燥热等功效。多用于头晕眼花、耳鸣耳聋、鬓发早白、病后脱发、肠燥便秘等病症。适合中老年服用。

金银花

属性：味甘、微苦，性寒。

功效：具有清热、解毒功效。可以治疗温病发热、热毒血痢、痈疡、肿毒、瘰疬、痔漏等病症，是炎炎夏日提神解暑的良饮。

枸杞

属性：味甘，性平。

功效：具有滋肾、润肺、补肝、明目的功效。可以治疗肝肾阴亏、腰膝酸软、头晕、目眩、目昏多泪、虚劳咳嗽、消渴、遗精等病症。

莲子

属性：味甘、涩，性平。

功效：具有养心、益肾、补脾、涩肠的功效。多治夜寐多梦、遗精、淋浊、多淋、虚泻、妇人崩漏带下。莲子还能止呕、开胃，常用来治疗禁口痢。

白芷

属性：味辛，性温。

功效：具有解表散风、通窍、止痛、燥湿止带、消肿排脓等功效。具有止痛、通鼻窍等作用，主治风寒兼有头痛、鼻塞的病症。

芦荟

属性：味苦，性寒。

功效：具有清热、通便、杀虫等功效。可以治疗热结便秘、虚热咳嗽、支气管炎等咽喉疾病，还可以治疗妇女经闭、小儿惊痫、疳热等症。

红枣

属性：味甘，性温。

功效：补中益气、养血安神，能使血中含氧量增强、滋养全身细胞，是一种药效缓和的强壮剂，也是用来调制家常便菜的日常食品。

藿香

属性：味辛，性微温。

功效：有通气、和中、避秽、祛湿等功效。多用于治疗感冒暑湿、寒热、头痛、呕吐泄泻、疟疾、痢疾、口臭、食欲不振等病症。

草果

属性：味辛，性温。

功效：有燥湿除寒、消食化乱等功效。可治疟疾、脘腹冷痛、反胃、呕吐、泻痢、食积等。配砂仁，有化湿浊、温脾阳、和胃气的功效。

薏仁

属性： 味甘、淡，性凉。

功效： 有健脾、补肺、清热、利湿的功效。多用于治疗泄泻、湿痹、筋脉拘挛、屈伸不利、水肿、脚气、肺痈、肠痈、白带等症。

茯苓

属性： 味甘、淡，性平。

功效： 有渗湿利水、益脾和胃、宁心安神等功效。多用于治疗小便不利、水肿胀满、痰饮咳逆、呕秽、泄泻、遗精、惊悸、健忘等症。

冬瓜皮

属性： 味甘，性凉。

功效： 具有利水、消肿等功效。可治水肿、腹泻、痈肿、暑热口渴、小便短赤等病症。

乌梅

属性： 味酸，性温。

功效： 能收敛生津，安蛔驱虫。可治久咳、虚热烦渴、久疟、久泻、痢疾、便血、尿血、血崩、蛔厥腹痛、呕吐、钩虫病、牛皮癣等。

肉桂

属性： 味辛，甘，性热。

功效： 有补元阳、暖脾胃、除积冷、通血脉等功效。主要用于治疗肢冷脉微、腹痛泄泻、腰膝冷痛、经闭症瘕、阴疽、虚阳浮越、上热下寒。

丁香

属性： 味辛，性温。

功效： 有暖中暖肾、降逆等功效。可治呃逆、呕吐、反胃、泻痢、心腹冷痛、痃癖、疝气、癣疾等疾病。需要注意，热病及阴虚内热者忌服。

天麻

属性： 味甘，性平。

功效： 能熄风、定惊。可治眩晕眼黑、头风头痛、肢体麻木、小儿惊痫等。还可改善供血不足，调节血脂、血压，防血管硬化、延缓衰老。

三七

属性： 味甘，微苦，性温。

功效： 具有止血、散瘀、消肿等功效。多用于治疗吐血、咳血、衄血、便血、崩漏，以及产后血晕、恶露不下、外伤出血、痈肿疼痛等症。

槐花

属性： 味苦，性微寒。

功效： 治肠风便血、症血、尿血、血淋、崩漏、赤白痢下、风热目赤、痛疽疮毒等症。

益母草

属性： 味辛、苦，性凉。

功效： 具有活血、祛瘀、调经、消水的功效。多用于治疗月经不调、胎漏难产、胞衣不下、产后血晕、淤血腹痛、尿血、癣肿疮疡等病症。

白果

属性： 味甘、苦，性平，有毒。

功效： 有敛肺气、定喘嗽、止带浊等功效。可治哮喘、白带、白浊、遗精、淋病等。对肺病咳嗽、老人虚弱体质的哮喘及各种哮喘痰多者均有辅助食疗作用。

 # 煮出地道广东靓汤的要诀

常见汤的烹饪技巧

素汤

素汤就是用植物性原料制作的汤，它具有较好的清香味和一定的鲜味，是烹制素菜的上好原料。虽然对比荤汤来说食用较少，但随着人们生活水平的提高和营养观念的更新，素汤也在调剂膳食结构上起了很大的作用。素汤的制作非常简单，原料主要是一些富含鲜味成分的植物性原料，如黄豆、海带、冬笋、口藻、竹荪、香菇等。加工时可用单一原料，也可用多种原料。如"菌汤"的制作就加入鸡枞、牛肝菌、滑子蘑等各种菌类原料。依据食材的多少来决定煲制时间，最后放盐即可。

清汤

清汤是最难制的汤，也是质量最好的汤，清澈鲜香，常用于鱼翅、海参或高档清鲜汤肴，分为普通清汤和精制清汤。所谓清汤，就是要求出锅后汤味清醇、汤汁清澈见底。

要达到清汤的这个标准，必须把握三个要诀：

一、火候。制汤开始时火要旺，待水沸后转为中火。

二、不能放酱油。

三、原料要冷水下锅。因为动物原料一般都是含有余血，若是热水下锅，就会使原料表皮很快收缩，内部的余血不能很快散发出来，影响汤的清度。

清汤最常见的做法有以下两种：

[普通清汤]

原料：老母鸡（自然放养的老母鸡），配瘦猪肉。火候：原料用滚水烫过。锅中放冷水，旺火煮开，去沫，放入葱姜酒，随后改小火，保持汤面微开，翻着碎小水泡。火候过大会煮成白色奶汤，火候过小则鲜香味不浓。

[精制清汤]

取普通清汤用纱布过滤。取鸡肉斩成肉茸，放葱姜酒及清水浸泡片刻。把鸡肉茸放入清汤，旺火加热搅拌。待汤将沸时改用小火，不能让汤翻滚。汤中浑浊悬浮物被鸡茸吸附后，除尽鸡茸。这一精制过程叫"吊汤"，精制过2次的清汤叫"双吊汤"。

上汤

上汤又叫顶汤或高级清汤，是菜肴烹饪的一种调料，是味精的最好替代品，在炒、氽汤、滚、煨、清炖时皆可以当成汁使用。主要原料为瘦肉、老母鸡、火腿。正规做法是以15千克肉熬出15升汤。通常上汤由于制作成本高，只有大型的饭馆才会熬制。但考虑到味精的不健康因素，家庭通过自制上汤来作为味精的替代品也是非常值得提倡的。一个十分简单的制作方法是：在熬鸡汤时加入适量瘦肉、火腿，熬开后在加盐前捞起一碗即可。

老火汤

煲汤时用猛火滚汤后改文火慢煲，而且时间非常长，一般都会煲4~5个小时，甚至有的家庭会煲12小时。这类汤通称为老火靓汤、老火汤，又称广府汤，是广东地区汉族传统名菜，即广府人传承数千年的食补养生秘方。慢火煲煮的中华老火靓汤，火候足、时间长，既取药补之效，又取入口之甘甜。老火汤的制作方法是将食材煮沸之后，再用小火慢慢煲上3小时以上，有的则要煲8~10小时，优点是火候足，有大量水溶性营养物质，汤味浓郁、鲜甜，四季可用。

调料的投放

很多人在煲汤时都容易犯一个错误，不论做什么汤，都是把调料一股脑投进去。实际上煲汤投放调料也有很多讲究，了解调料的种类、搭配、用料等，用起来才会得心应手。

搭配

常用的花椒、生姜、胡椒、葱等调味料，这些都起去腥增香的作用，一般都是少不了的。针对不同的主料，需要加不同的调味料。比如烧羊肉汤，由于羊肉膻味重，调料如果不足的话，做出来的汤就是涩的，这就得多加姜片和花椒了。

用量

汤品本身具备了鲜香浓郁的特点，味道已经很足，因此盐要少放，以免破坏鲜味。

汤本身已具有鲜、香、清的特点，味精的作用是提鲜，而它的鲜味和汤的鲜味也不能等同，最好少放或不放，否则会掩盖本味，致汤味不纯。

投放时间

起去腥、解腻、增鲜作用的葱、姜、料酒、盐等调味料，要先放葱、姜、料酒，最后放盐。如果过早放盐，就会使原料表面蛋白质凝固，影响鲜味物质的析出，同样还会使蛋白质沉淀，使汤的颜色灰暗。

食材的搭配

食品有酸碱性之分，虽不存在谁优谁劣的问题，但酸碱食物摄入不平衡将会使血液pH 值偏离正常值范围，易引起人体酸碱失衡。因此，组成一个营养丰富的平衡搭配非常重要。同时，药材与食材的搭配也要注意食材的性质。煲汤时食材的选择固然很重要，但是各种食材的搭配同样不可忽视。只有荤素相间搭配，才能让我们身体搭配平衡。

酸性食材

食品在体内分解代谢后，最终产生酸性物质的称为酸性食品，其中氯、硫、磷等非金属元素的含量较高。常见的肉类、蛋类、鱼类、贝类、酒类、主食类、甜食等都属于酸性食品。

碱性食材

食品在体内经过分解代谢后，最终产生碱性物质的称为碱性食品，其中钙、铁、钾、镁、锌等金属元素含量较高。我们平时吃的蔬菜、水果、豆制品、海带等都属于碱性食品。

酸碱搭配

猪肉汤、牛肉汤、鸡肉汤、鸭肉汤、火腿汤、蛋黄汤、鲤鱼汤、牡蛎汤、虾汤，以及用面粉、花生、啤酒作为辅料入汤，可以适当搭配诸如大豆、豆腐、番茄、菠菜、莴笋、萝卜、南瓜、土豆、藕、洋葱、海带、甘蓝、梨子、苹果、柠檬、牛奶等一起入汤，不仅调节了口感，关键是保证了汤的酸碱平衡，喝出营养健康。

原汤和老汤的使用

煲汤时要善用原汤、老汤，没有原汤就没有原味。例如，炖排骨前要将排骨放入开水锅内汆水时所用之水，就是原汤。如嫌其浑浊而倒掉，就会使排骨失去原味，如将这些水煮开除去浮沫污物，用此汤炖排骨，才能真正炖出原味。

火候的控制

煲汤时火候控制也很重要，火候拿捏得好，汤才能煲得成功。正确的方法应该是大火烧沸、小火慢煨，即用大火（火焰高而稳定，火力强）将汤汁烧开后，再转小火（火焰很小，蓝绿色，火力比较弱）慢慢熬炖，如果汤水一直处于大滚大沸的状态，汤汁就容易浑浊不清。这样的方法有利于食材营养物质的释放，使汤既清澈浓醇，又最大限度地锁住了原有的营养成分。

党参麦冬五味子瘦肉汤

莲藕菱角排骨汤

第2章

一年四季，以汤养生

万物应天地四季而生，根据季节的不同特点而更换灶上的养生汤品，是广府人的智慧。

春季，舒肝补血好时节

万物应天地四季而生,每个季节气候的不同,造就了不同的养生之法。春天是个阳气初生的季节,春回大地,万物苏醒。在这个生机盎然的季节,各种病菌和微生物也开始繁殖、复苏,疾病随之也容易流行,而预防疾病发生的最简单有效的办法就是合理搭配饮食。汤作为人们餐桌上不可或缺的菜肴,对于调节人的体质和提高人体免疫力有着显著的作用。

春季进补原则

◎ 中医认为"春与肝相应",意思是说春季的气候特点与人体的肝脏有着密切的关系。因此,春季养生以肝为主。

◎ 春季相对湿度比冬季要高,容易引发湿温类疾病,所以进补时应健脾以燥湿,选择具有利湿渗湿功效的食材与药材。

◎ "春以胃气为本",应该改善和促进消化吸收功能。不管食补还是药补,都应该健脾和胃、补中益气。

◎ 食补与药补补品的补性要以平和为主。

春季进补适宜食材与药材

栗子
有益气补肾、健脾补肝之功效。

菠菜
"肝主青色",菠菜极适宜在春天食用。

糯米
糯米温补脾胃,适合脾胃气虚的人食用。

莲子
莲子可清热去火,控制过旺的肝气。

白果猪皮美肤汤

 烹饪时间
60 分钟

原料

白果 12 颗，甜杏仁 10 克，猪皮 100 克 ，葱段、姜片、葱花各适量

调料

八角少许，花椒适量，料酒、芝麻油各少许 ，盐适量

做法

1 锅中注水烧开，倒入处理好的猪皮，拌匀。

2 加入八角、花椒，拌匀，焯煮至去除腥味和脏污后捞出，装盘。

3 砂锅中注入适量清水，放入焯好的猪皮。

4 加入甜杏仁、白果、姜片、葱段，拌匀。

5 用大火煮开，去除浮沫，加入少许料酒，拌匀。

6 加盖，用小火煮 30 分钟至食材熟透后揭盖，加盐，拌匀。

7 关火后盛出煮好的汤，淋入芝麻油，撒上葱花即可。

小贴士

猪皮可以事先用小刀轻刮表面，这样可以有效去除细小的杂毛。

黄豆芽猪血汤

 烹饪时间 16分钟

原料

猪血 270 克，黄豆芽 100 克，姜丝、葱丝各少许

调料

盐、鸡粉各 2 克，芝麻油、胡椒粉各适量

做法

1 将洗净的猪血切成小块，备用。

2 锅中注入适量清水烧热。

3 倒入猪血、姜丝，拌匀。

4 盖上锅盖，用中小火煮 10 分钟。

5 揭开锅盖，加入适量盐、鸡粉。

6 放入洗净的黄豆芽，拌匀，用小火煮 2 分钟至熟。

7 撒上胡椒粉，淋入少许芝麻油，拌匀入味。

8 关火后盛出猪血汤，放上葱丝即可。

小贴士

加热黄豆芽时一定要注意掌握好时间，八成熟即可。

海带黄豆猪蹄汤

烹饪时间 62 分钟

原料

猪蹄 500 克，水发黄豆 100 克，海带 80 克，姜片 40 克

调料

盐、鸡粉各 2 克，胡椒粉少许，料酒 6 毫升，白醋 15 毫升

做法

1 洗净的猪蹄对半切开，斩成小块；洗净的海带切开，切成小块。

2 锅中注水烧热，放入猪蹄块，淋上白醋，略煮后捞出，待用。

3 再放入切好的海带，煮约半分钟，捞出，待用。

4 砂锅中注水烧开，放入姜片，倒入黄豆、猪蹄。

5 轻轻搅匀，放入海带，搅匀，淋入料酒。

6 盖上盖，煮沸用小火煲煮约 1 小时，至全部食材熟透。

7 揭开盖，加入鸡粉、盐，搅拌片刻，再撒上少许胡椒粉。

8 搅匀，再煮片刻，至汤汁入味即可。

小贴士

黄豆的泡发时间要在 6 小时以上，这样煲煮好的汤味道会更鲜美。

木瓜鱼尾花生猪蹄汤

烹饪时间 180分钟

原料

猪蹄块 80 克，鱼尾 100 克，水发花生米 20 克，木瓜块 30 克，姜片少许，高汤适量

调料

盐 2 克，食用油适量

做法

1 锅中注水烧开，倒入猪蹄块，汆去血水，捞出过一次凉水，备用。

2 炒锅中加油，放入姜片爆香，加入鱼尾，煎出香味，倒入适量高汤煮沸。

3 取出鱼尾，装入鱼袋。

4 砂锅中注入煮过鱼的高汤，放入猪蹄。

5 倒入木瓜、花生，加入鱼尾，盖盖，大火煮 15 分钟，转中火煮 1 ~ 3 小时。

6 揭开锅盖，加入少许盐调味，搅拌均匀至食材入味即可。

小贴士

木瓜不要切得太小，以免煮烂了破坏口感。

沙参猪肚汤

 烹饪时间
61 分钟

原料

沙参 15 克, 水发莲子 75 克, 水发薏米 65 克, 芡实 45 克, 茯苓 10 克, 猪肚 350 克,
姜片 20 克

调料

盐 2 克, 鸡粉 2 克, 料酒 20 毫升

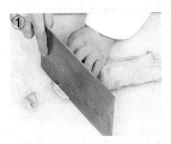

做法

1 洗净的猪肚切成条, 备用。

2 锅中注水烧开, 倒入猪肚、料酒, 汆变色后捞出沥干。

3 砂锅注水烧开, 放入姜片、备好的药材、汆过水的猪肚和料酒。

4 烧开后转小火炖 1 小时, 至食材熟透, 放入少许盐和鸡粉调味即可出锅。

小贴士

猪肚可以放入清水中搓洗, 这样可以洗得更干净。

花生煲猪尾

烹饪时间
62 分钟

原料

花生米 30 克，猪尾 300 克，
姜片少许

调料

盐 3 克，鸡粉 2 克，料酒适量

做法

1 锅中注水烧开，倒入处理好的猪尾，淋入料酒，略
  煮一会儿，汆去血水。

2 捞出汆煮好的猪尾，装入盘中，备用。

3 砂锅中注水烧开，倒入备好的猪尾、花生米、姜片，
  淋入料酒。

4 盖上盖，用大火煮 1 小时至食材熟透。

5 揭盖，放入盐、鸡粉，拌匀调味。

6 关火后盛出煮好的菜肴，装入碗中即可。

花生米可提前泡发，这样可减少烹煮时间。

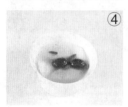

山药红枣煲排骨

 烹饪时间
42分钟

原料

排骨95克，去皮山药块35克，
红枣10克，枸杞少许

做法

1 沸水锅倒入洗净的排骨，汆煮一会，去除血水和脏污，捞出沥干，装盘待用。

2 砂锅注水烧开，倒入汆好的排骨、洗净的红枣、枸杞和山药块。

3 加盖，用大火煮开，转小火续煮40分钟至食材熟软。

4 关火后盛出煮好的汤，装碗即可。

 小贴士

可根据个人口味添加适当的盐调味。

莲子芡实瘦肉汤

烹饪时间
63 分钟

原料

瘦肉 250 克，芡实 10 克，莲子 15 克，姜片少许

调料

盐 3 克，料酒 10 毫升，鸡粉适量

做法

1 泡发好的莲子去除莲子心；洗净的瘦肉切成块。

2 锅中注水烧开，倒入瘦肉和少许料酒，汆去血水，捞出备用。

3 取一个干净的砂锅，放入莲子、芡实、姜片、瘦肉。

4 另起锅，烧一锅热水，倒入砂锅中，将砂锅置于旺火上，淋入少许料酒。

5 大火煮 1 分钟至沸腾，改小火再炖 1 小时。

6 加入盐和鸡粉调味后即可。

小贴士

瘦肉丁可适当切得大一些,这样口感会更佳。

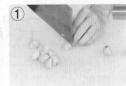

板栗桂圆炖猪蹄

 烹饪时间 62 分钟

原料

猪蹄块600克，板栗肉70克，桂圆肉20克，核桃仁、葱段、姜片各少许

调料

盐2克，料酒7毫升

做法

1 洗好的板栗对半切开。

2 锅中注入适量清水烧开，倒入洗净的猪蹄，加入适量料酒，拌匀，略煮一会儿，汆去血水，捞出汆煮好的猪蹄，装入盘中，待用。

3 砂锅中注入适量清水烧热，倒入姜片、葱段、核桃仁、猪蹄、板栗、桂圆肉，加入料酒，拌匀。

4 用大火煮开后转小火炖1小时至食材熟软。

5 加入盐，拌匀至食材入味。

6 关火后盛出炖好的菜肴，装入碗中即可。

 小贴士

猪蹄可以先在烧热的锅中来回擦拭几次，这样能去除猪蹄表面细小的猪毛。

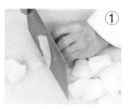

冬瓜鲫鱼汤

 烹饪时间
4 分钟

原料

冬瓜 200 克，净鲫鱼 400 克，姜片、香菜段各少许

调料

盐、鸡粉、胡椒粉、食用油各适量

做法

1 把去皮洗净的冬瓜切薄片。
2 锅中注水烧开，加盐、鸡粉调味。
3 撒上姜片，放入冬瓜。
4 再放入鲫鱼，倒入少许食用油，盖上盖，用中火煮3分钟。
5 揭开盖，撒上胡椒粉调味。
6 搅拌均匀，出锅盛盘中，撒上香菜即可。

 小贴士

冬瓜片切得薄一些，煮出来的汤汁更美味。

川芎白芷鱼头汤

烹饪时间 **36分钟**

原料

川芎10克，白芷9克，姜片20克，鲢鱼头350克

调料

鸡粉、盐各2克，料酒10毫升

做法

1 用油起锅，放入姜片，炒香。

2 倒入处理好的鱼头，煎出焦香味。

3 将鱼头翻面，煎至焦黄色，盛出，备用。

4 砂锅中注水烧开，放入川芎、白芷，盖盖，小火煮15分钟。

5 揭开盖子，放入煎好的鱼头，淋入适量料酒。

6 盖上盖，用小火续煮20分钟，至食材熟透。

7 揭盖，放入少许鸡粉、盐拌匀，余去浮沫，略煮至食材入味。

8 关火后盛出煮好的汤料，盛入碗中即可。

小贴士

鱼头汤很鲜，可少放些调料，以免失去食材的鲜味。

小白菜蛤蜊汤

 烹饪时间
5分钟

原料

小白菜段 60 克，蛤蜊 180 克，水发粉丝，姜片少许

调料

鸡粉、盐、胡椒粉各 2 克，料酒 4 毫升，三花淡奶少许，食用油适量

做法

1 锅中注入适量食用油，放入姜片，爆香。
2 倒入蛤蜊，翻炒均匀，淋入料酒，炒匀。
3 锅中加入适量清水，搅拌匀，煮约 2 分钟。
4 放入粉丝，加入鸡粉、盐、胡椒粉，拌匀调味。
5 倒入洗净切好的小白菜，煮至熟软。
6 加入少许三花淡奶，搅拌均匀即可。

小贴士

小白菜煮的时间不宜过长，以免降低其营养价值。

虫草红枣炖甲鱼

 烹饪时间
65分钟

原料

甲鱼600克，冬虫夏草、红枣、姜片、蒜瓣各少许

调料

盐、鸡粉各2克，料酒5毫升

做法

1 砂锅中注入适量清水烧开，倒入洗净的甲鱼块。

2 放入洗好的红枣、冬虫夏草，放入姜片、蒜瓣，拌匀。

3 用大火煮开后转小火续煮1小时至食材熟透。

4 加入盐、料酒、鸡粉，拌匀。

5 关火后盛出煮好的甲鱼汤，装入碗中。

6 待稍微放凉后即可食用。

 小贴士

红枣可以去核后再煮，这样食用起来更方便。

猴头菇鸡汤

烹饪时间 52 分钟

原料

水发猴头菇 70 克，猪骨 100 克，鸡腿块 100 克，姜片 30 克，红枣 20 克，枸杞 10 克

调料

盐 2 克，料酒 10 毫升

鸡肉不宜煮太烂，以免影响口感，以用筷子能轻松插入为佳。

做法

1 洗好的猴头菇切成小块。

2 锅中注水烧开，倒入猪骨、鸡块，放入姜片。

3 加入料酒，搅拌均匀，略煮片刻，撇去汤中浮沫。

4 加入猴头菇，拌匀，汆煮片刻，捞出，沥干水分，备用。

5 砂锅中倒水烧开，倒入焯过水的食材，盖盖，烧开后用小火煮 40 分钟。

6 揭开盖，加入红枣，盖上盖，小火再煮 10 分钟，至全部食材熟透。

7 揭开盖，放入少许盐，加入枸杞，搅匀。

8 盛出煮好的汤料，装入碗中即可。

无花果煲羊肚

烹饪时间
125 分钟

原料

羊肚 300 克，无花果 10 克，蜜枣 10 克，姜片少许

调料

盐 2 克，鸡粉 3 克，胡椒粉、料酒各适量

做法

1 锅中注入适量清水烧开，倒入切好的羊肚，淋入料酒，略煮一会儿，汆去血水。

2 捞出汆煮好的羊肚，装入盘中，备用。

3 砂锅中放入羊肚、蜜枣、姜片、无花果。

4 注入适量清水，淋入少许料酒。

5 盖上盖，用大火煮开后转小火煮 2 小时至食材熟透。

6 揭盖，放入盐、鸡粉、胡椒粉，拌匀调味。

7 关火后盛出煲煮后的菜肴，装入盘中即可。

汤煮开后用小火煲，可使食材的营养更易析出，口感也更好。

夏季，清热消暑最重要

夏季天气炎热，各类食物变质也快，变质食物和大量的冷饮都很容易吃坏肚子，燥热的天气让人胃口也极差，极容易出现食欲不振的情况，而夏季刚好又是人体消耗大、需要营养的时候，因此夏季非常讲究饮食调节。好吸收又能补充大量水分的汤品不失为夏季进补的好选择。放下冰凉的饮料，喝一碗浓汤，给你的夏天充充电。

夏季进补原则

◎ 中医认为夏天"内应于心，心主血脉，其液为汗"，意思是夏季火热之邪最容易损伤心，夏季养生宜养心、散暑热。同时夏季暑热与暑湿兼具，也应该抵抗湿邪对脾脏的侵扰，可服用些健脾化湿的中药。

◎ 夏季饮食宜苦、辛、酸、咸，少甜。酸有敛汗、止汗的作用；苦有清热、泻火、燥湿等作用；辛有发散、行气等作用；咸有泻下、软坚等作用，故应多食。

◎ 夏季气温高，大家爱喝冷饮来消暑解渴，但若不加注意就会损伤脾胃阳气，应该适当节制。

夏季进补适宜食材与药材

西瓜
西瓜具有清热解暑的作用。

绿豆
绿豆可消暑益气、清热解毒。

桃
桃子含丰富铁质，有生津润肠的作用。

苦瓜
苦瓜清热去火，适合在炎热的夏天食用。

七宝冬瓜排骨汤

 烹饪时间 85分钟

原料

七宝冬瓜排骨汤汤料包1/2包（葛根、土茯苓、赤小豆、白扁豆、薏米、白术、山楂），冬瓜块200克，排骨块200克

调料

盐2克

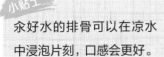

余好水的排骨可以在凉水中浸泡片刻，口感会更好。

做法

1. 将土茯苓、葛根、白术装入隔渣袋里，系好袋口，装入碗中；再放入山楂、薏米，倒入清水泡发10分钟。
2. 将白扁豆、赤小豆一同装入另一碗中，倒入清水泡发2小时。
3. 将泡好的隔渣袋及其他药材取出，沥干水分，装入盘中备用。
4. 锅中注水烧开，放入排骨块，汆煮片刻后捞出。
5. 砂锅中注水，倒入排骨块、土茯苓、白术、葛根、赤小豆、薏米、白扁豆、山楂，拌匀。
6. 加盖，大火煮开后，转小火煮80分钟至有效成分析出。
7. 揭盖，放入冬瓜块，加盖，续煮至冬瓜熟。
8. 揭盖，加入盐，稍稍搅拌至入味即可。

莲藕菱角排骨汤

 烹饪时间
47分钟

原料

排骨300克, 莲藕150克, 菱角30克, 胡萝卜80克, 姜片少许

调料

盐2克, 鸡粉3克, 胡椒粉、料酒各适量

做法

1 去壳的菱角对半切开; 洗净去皮的胡萝卜、莲藕切滚刀块。

2 锅中注水烧开, 倒入排骨块, 淋入料酒, 略煮, 捞出备用。

3 砂锅中注水烧开, 放入排骨, 淋入料酒。

4 盖上盖, 用大火煮15分钟, 揭盖, 倒入莲藕、胡萝卜、菱角。

5 盖上盖, 用小火煮5分钟, 揭盖, 放入姜片。

6 再盖上盖, 用小火续煮25分钟至食材熟透。

7 揭盖, 加入盐、鸡粉、胡椒粉, 拌匀。

8 关火后盛出煮好的汤料, 装入碗中即可。

 小贴士

排骨先汆一下水再煮, 可使汤汁的口感更佳。

②

④

⑤

⑥

苦瓜黄豆排骨汤

🍲 烹饪时间
56分钟

原料

苦瓜200克，排骨300克，水发黄豆120克，姜片5克

调料

盐、鸡粉各2克，料酒20毫升

做法

1 洗净的苦瓜对半切开，去籽，切成段。
2 锅中倒水烧开，倒入排骨，淋入料酒，煮沸，氽去血水，捞出。
3 砂锅中注水，放入黄豆盖上盖，煮至沸腾。
4 揭开盖，倒入排骨，放入姜片，淋入料酒，搅匀提鲜。
5 盖上盖，用小火煮至排骨酥软，揭开盖，放入苦瓜。
6 再盖上盖，用小火煮15分钟。
7 揭盖，加盐、鸡粉，搅拌均匀，再煮1分钟。
8 关火后盛出煮好的汤料，装入汤碗即可。

小贴士

煮制此汤时，可以先将黄豆泡一晚上再煮，这样可以节省烹饪的时间。

扁豆薏米排骨汤

 烹饪时间
60分钟

原料

水发扁豆30克，水发薏米50克，排骨200克

调料

料酒8毫升，盐2克

做法

1 锅中注入适量的清水大火烧开，倒入排骨，淋入少许料酒，汆煮去血水，捞出，沥干水分待用。

2 砂锅中注入适量的清水大火烧热，放入排骨、薏米、扁豆，搅拌片刻。

3 烧开后转小火煮1个小时至食材熟软，加入少许盐，使食材入味。

4 关火，将汤盛出装入碗中即可。

 小贴士

给排骨汆水的时候不要煮的太久，以免炖老了。

排骨玉米莲藕汤

 烹饪时间 123 分钟

原料

排骨块 300 克，玉米 100 克，莲藕 110 克，胡萝卜 90 克，香菜、姜片、葱段各少许

调料

盐、鸡粉、胡椒粉各 2 克

 小贴士

排骨汆水的时间不要太久，以免影响口感。

做法

1 处理好的玉米对半切开，切成小段；洗净去皮的胡萝卜切滚刀块；洗净去皮的莲藕切块。

2 锅中注入适量清水烧开，倒入洗净的排骨块，搅拌匀，汆去血水后捞出，沥干水分。

3 砂锅中注入适量清水，大火烧热，倒入排骨块、莲藕、玉米、胡萝卜。

4 加入葱段、姜片，煮沸，盖上锅盖，转小火煮 2 个小时至食材熟透。

5 掀开锅盖，加入盐、鸡粉、胡椒粉，搅拌调味，盛出装入碗中，放上香菜即可。

益母草红枣瘦肉汤

烹饪时间
31 分钟

原料

益母草 20 克，红枣 20 克，枸杞 10 克，猪瘦肉 180 克

调料

料酒 8 毫升，盐、鸡粉各 2 克

做法

1 红枣切开，去核；猪瘦肉切条，改切成小块，备用。
2 砂锅中注水烧开，放入益母草、枸杞、红枣，加入瘦肉块。
3 淋入适量料酒，搅拌匀。
4 盖上盖，烧开后用小火煮 30 分钟，至食材熟透。
5 揭开盖子，放入适量盐、鸡粉，用勺拌匀调味。
6 将煮好的汤料盛出，装入汤碗中即可。

煲制瘦肉汤时火候不要太大，以免将肉煮老了。

干贝冬瓜煲鸭汤

烹饪时间
62分钟

原料

冬瓜185克，鸭肉200克，咸鱼35克，干贝5克，姜片少许

调料

盐2克，料酒5毫升，食用油适量

做法

1 洗净的冬瓜切块；咸鱼切块。

2 锅中注水烧开，倒入鸭块，淋入料酒，氽煮片刻，捞出待用。

3 热锅注油，放入咸鱼、干贝，油炸片刻后关火捞出。

4 砂锅中注水烧开，倒入鸭块、咸鱼、干贝、姜片，拌匀。

5 加盖，大火煮开后转小火煮30分钟至熟。

6 揭盖，放入冬瓜块，加盖，续煮30分钟至冬瓜熟。

7 揭盖，加入盐，搅拌片刻至入味。

8 关火后盛出煮好的汤，装入碗中即可。

小贴士

氽煮鸭肉时淋入少许料酒，可以去除异味。

土茯苓绿豆老鸭汤

烹饪时间 190 分钟

原料

绿豆 250 克，土茯苓 20 克，鸭肉块 300 克，陈皮 1 片，高汤适量

调料

盐 2 克

做法

1 锅中注入适量清水烧开，放入洗净的鸭肉，搅拌匀。

2 煮 2 分钟，搅拌匀，氽去血水。

3 从锅中捞出鸭肉后过冷水，盛入盘中备用。

4 砂锅中注入适量高汤烧开，加入鸭肉、绿豆、土茯苓、陈皮，拌匀。

5 盖上锅盖，炖 3 小时至食材熟透。

6 揭开锅盖，加入适量盐进行调味。

7 搅拌均匀，至食材入味。

8 将煮好的汤料盛出即可。

小贴士

若使用老鸭肉，可先将其用凉水和少许醋浸泡半小时，再用小火慢炖，可使鸭肉香嫩可口。

金钱草鸭汤

 烹饪时间
62分钟

原料

鸭块 400 克，金钱草 10 克，姜片少许

调料

盐 2 克，鸡粉 2 克

做法

1 锅中注水大火烧开。

2 倒入鸭块，搅匀，去除血末，捞出，沥干水分，待用。

3 砂锅中注入适量的清水大火烧热。

4 倒入鸭块、姜片、金钱草，搅拌匀。

5 盖上锅盖，烧开后转小火炖 1 个小时至熟透。

6 掀开锅盖，加入盐、鸡粉，搅匀调味。

7 关火后将煮好的鸭汤盛出装入碗中即可。

 小贴士

鸭肉不宜汆水过久，以免煮老。

苦瓜黄豆鸡脚汤

 烹饪时间 123 分钟

原料

鸡爪 120 克，苦瓜 55 克，瘦肉 60 克，水发黄豆 140 克，姜片少许

调料

盐 3 克，鸡粉少许

 小贴士

汆煮食材时可加入少许料酒，能有效地去除腥味。

做法

1 洗净的苦瓜切开，去除瓜瓤，再切小块；瘦肉切块；鸡爪对半切开。

2 锅中注清水烧开，放入瘦肉块，搅匀。

3 再倒入鸡爪，搅散，汆煮去除血渍，再捞出待用。

4 砂锅中注水烧开，倒入汆好的食材。

5 倒入洗净的黄豆，撒上姜片，放入苦瓜块，搅匀。

6 盖盖，烧开后转小火煲煮约 120 分钟，至食材熟透。

7 揭盖，去除浮沫，加入盐、鸡粉，拌匀，再略煮，至汤汁入味。

8 关火后盛出煲好的汤，装在碗中即可。

莲子鲫鱼汤

🍲 烹饪时间
34 分钟

〔原料〕

鲫鱼1条,莲子30克,姜3片,葱白3克

〔调料〕

盐3克,料酒5毫升,食用油15毫升

〔做法〕

1 用油起锅,放入处理好的鲫鱼,盖上盖,煎1分钟至金黄色。

2 揭盖,翻面,再煎1分钟至金黄色。

3 倒入热水,没过鱼身,加入葱白、姜片、料酒。

4 盖上盖,大火煮沸,揭盖,倒入泡好的莲子,拌匀。

5 盖上盖,小火煮30分钟至有效成分析出。

6 揭盖,倒入盐,拌匀调味。

7 关火将煮好的汤盛入碗中即可。

小贴士

鲫鱼要处理干净,把鱼身上的水擦干,这样煎鱼的时候不容易掉皮。

姜丝鲈鱼汤

 烹饪时间
4 分钟

原料

鲈鱼肉 300 克，姜丝、葱花各少许

调料

盐 4 克，鸡粉 4 克，胡椒粉 3 克，三花淡奶、水淀粉、食用油各适量

做法

1 把洗净的鲈鱼肉用斜刀切成薄片，放入碗中。

2 加入少许盐、鸡粉、胡椒粉，再倒入少许水淀粉，拌匀上浆。

3 锅中注水，用大火烧开，放入少许食用油。

4 放入姜丝、盐、鸡粉，撒上胡椒粉。

5 再倒入腌渍好的鱼肉片，拌煮片刻。

6 盖上盖，煮沸后转中小火续煮约 2 分钟至食材熟透。

7 取下锅盖，倒入少许三花淡奶，用锅勺搅拌均匀。

8 撒上葱花，用锅勺掠去浮沫即成。

小贴士

鲈鱼肉质鲜美，不宜用大火煮，否则很容易将肉片煮碎。

莲藕海带汤

🍲 烹饪时间
27 分钟

原料

莲藕 160 克，水发海带丝 90 克，姜片、葱段各少许

调料

盐、鸡粉各 2 克，胡椒粉适量

做法

1 将去皮洗净的莲藕切厚片，备用。

2 砂锅中注入适量清水烧热，倒入洗净的海带丝。

3 放入藕片，撒上备好的姜片、葱段，搅散。

4 盖上盖，烧开后用小火煮约 25 分钟至食材熟透。

5 揭盖，加入少许盐、鸡粉，撒上适量胡椒粉，拌匀调味。

6 关火后盛出煮好的海带汤，装入碗中即成。

小贴士

胡椒粉不宜加太多，以免影响汤汁的味道。

海带紫菜瓜片汤

烹饪时间 13 分钟

原料

水发海带 200 克，冬瓜肉 170
克，水发紫菜 90 克

调料

盐、鸡粉各 2 克，芝麻油适量

做法

1 将洗净的冬瓜肉去皮，再切片。

2 洗好的海带切成细丝，待用。

3 砂锅中注入适量清水烧开，放入冬瓜片。

4 倒入海带丝，搅散，大火煮沸。

5 盖上盖，转中小火煮约 10 分钟，至食材熟透。

6 揭盖，倒入洗净的紫菜，搅散，加入盐、鸡粉。

7 搅匀，放入芝麻油，续煮一会儿，至汤汁入味。

8 关火后将煮好的汤盛入碗中即可。

小贴士

冬瓜片切薄一些，容易煮
熟，口感也会更绵软。

海带绿豆汤

 烹饪时间 41 分钟

原料

海带 70 克，水发绿豆 80 克

调料

冰糖 50 克

做法

1 洗净的海带切成条，再切成小块。

2 锅中注入适量清水烧开，倒入洗净的绿豆。

3 盖盖，烧开后用小火煮 30 分钟，至绿豆熟软。

4 揭开盖，倒入切好的海带。

5 加入冰糖，搅拌均匀。

6 盖上盖，用小火续煮 10 分钟，至食材熟透。

7 揭开盖，搅拌片刻。

8 盛出煮好的汤料，装入碗中即可。

小贴士

绿豆可用冷水浸泡一晚再煮，不仅口感会更好，而且节省煮制的时间。

消暑豆芽冬瓜汤

 烹饪时间
12分钟

原料

冬瓜块 100 克，绿豆芽 70 克，
高汤适量，姜片、葱花各少许

调料

食用油适量

 小贴士

豆芽不宜煮太久，否则
不仅会破坏口感，还会
破坏其营养。

做法

1 热锅注油烧热，放入姜片。

2 倒入冬瓜块，炒香。

3 加入备好的高汤，用中火煮约 10 分钟，至食材
熟透。

4 放入洗净的绿豆芽。

5 拌匀，稍煮片刻即可。

6 关火后盛出煮好的汤料，撒上葱花即可。

竹荪莲子丝瓜汤

 烹饪时间
26分钟

原料

丝瓜120克，玉兰片140克，水发竹荪80克，水发莲子120克，高汤300毫升

调料

盐、鸡粉各2克

小贴士

丝瓜皮的营养较多，可以不用去皮。

做法

1 竹荪切段；玉兰片切成小段；丝瓜切成滚刀块，备用。

2 砂锅中注入适量清水烧热，倒入高汤，拌匀。

3 放入莲子、玉兰片，用中火煮约10分钟。

4 倒入丝瓜、竹荪，拌匀，用小火续煮约15分钟至食材熟透。

5 加入适量盐、鸡粉，拌匀调味。

6 关火后盛出煮好的汤料即可。

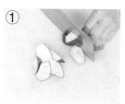

秋季，滋阴润燥正当时

秋季是收获的季节，秋高气爽，温度适宜，这个季节我们会感到相对舒适。但秋季气候由热转凉，空气中的水分也随之减少，秋燥是不可避免的问题，这个时候把进补的物品制成汤水服用是一个很好的方法，有滋阴润燥的功能，能缓解因秋燥而产生的口渴咽干、声哑干咳、皮肤干燥等不舒服的症状。秋天到了，还等什么，喝汤吧！

秋季进补原则

◎ 由热转寒的秋季，阳消阴长，要遵循"养收"的原则，以养人体阴气为本，以润燥益气为中心，饮食以滋阴润肺为主，平稳地完成夏冬两季热、冷的交替。

◎ 多食性温之食，少食寒凉之物，以保护颐养胃气。过食寒凉之品或生冷、不洁瓜果，会导致温热内蕴，毒素滞留体内，引起腹泻、痢疾等。

◎ 秋季忌食油腻煎炸的食物，因为食用后难以消化，容易积于肠胃之内。加之脾胃功能较弱，油腻煎炸的食物会加重体内积滞之热，不利于人体适应秋季干燥的特性。

◎ 秋季忌吃肥甘食品，在饮食方面，以防燥护阴、滋阴润肺为主。

秋季进补适宜食材与药材

白萝卜
白萝卜具有益胃、顺气、消食的功效。

海带
海带可以降压降脂，具有止血的作用。

麦冬
麦冬可以养阴生津、润肺清心。

土豆
土豆富含膳食纤维，可刺激肠道蠕动。

夏枯草猪肺汤

烹饪时间
32 分钟

原料

猪肺80克,夏枯草12克,姜片、
葱段各少许

调料

盐、鸡粉各少许,料酒3毫升

做法

1 洗净的猪肺切开,再切块,倒入热水锅中,淋入料酒,
煮约5分钟。

2 捞出材料,置于清水中,清洗干净,再捞出待用。

3 砂锅中注水烧热,倒入猪肺。

4 放入夏枯草,撒上葱段、姜片,淋入少许料酒,拌匀。

5 盖上盖,烧开后用小火煮约30分钟至食材熟透。

6 揭盖,加入少许盐、鸡粉,拌匀,略煮一会儿至汤
汁入味即成。

小贴士

汆煮猪肺时,最好用中火慢慢加热,这样其中的血渍才更容易煮出来。

霸王花罗汉果煲猪肺

烹饪时间
92 分钟

原料

猪肺块 250 克，猪肉块 300 克，罗汉果 5 克，陈皮 2 克，甜杏仁 5 克，水发霸王花 5 克，姜片少许

调料

盐 3 克，鸡粉 2 克，料酒适量

小贴士

猪肺氽煮好后可放入清水中清洗一下，这样更易将杂质清除干净。

做法

1 锅中注入适量清水烧开，倒入猪肉块。

2 淋入料酒，略煮一会儿，氽去血水，捞出备用。

3 放入猪肺块，淋入料酒，略煮后，捞出，备用。

4 砂锅中注水烧开，倒入罗汉果、甜杏仁，加入陈皮、姜片。

5 放入猪肺、猪肉，淋入料酒，盖盖，大火煮开后转小火煮 1 小时。

6 揭盖，放入霸王花，盖上盖，续煮 30 分钟。

7 揭盖，加入盐、鸡粉，拌匀调味即可。

灵芝猪肺汤

 烹饪时间
44分钟

原料

猪肺块 120 克，灵芝少许

调料

料酒 6 毫升，盐、鸡粉各 2 克

做法

1 洗净的猪肺切粗条，切小块。

2 锅中注水烧热，倒入猪肺，氽煮约 3 分钟，捞出备用。

3 砂锅中注入适量清水烧开，倒入猪肺块、灵芝，拌匀。

4 淋入少许料酒。

5 加盖，大火煮开转小火煮 40 分钟至析出有效成分。

6 揭盖，加入盐、鸡粉，搅拌片刻至入味。

7 关火后盛出煮好的汤，装入碗中即可。

小贴士

猪肺比较难清洗干净，因此需将水灌进猪肺，反复挤压清洗直至变白。

白扁豆瘦肉汤

烹饪时间
61 分钟

原料

白扁豆 100 克，瘦肉块 200 克，姜片少许

调料

盐少许

做法

1 锅中注水大火烧开，倒入瘦肉快，搅匀汆去血水。

2 将瘦肉捞出，沥干水分待用。

3 砂锅中注水大火烧热，倒入扁豆、瘦肉，放入姜片。

4 盖上锅盖，烧开后转小火煮 1 个小时至熟透。

5 掀开锅盖，放盐搅拌。

6 关火，将煮好的汤盛出装入碗中即可。

小贴士

此汤品煮的时间比较长，瘦肉切得不要太小，口感会更好。

天冬川贝瘦肉汤

 烹饪时间 36 分钟

原料

天冬 8 克，川贝 10 克，猪瘦肉 500 克，蛋液 15 克，姜片、葱段各少许

调料

料酒 8 毫升，盐 2 克，鸡粉 2 克，水淀粉 3 毫升

做法

1 瘦肉切成薄片，装入蛋液碗中，加入少许盐。

2 再淋入料酒、水淀粉，搅匀腌渍片刻。

3 砂锅中注入适量的清水大火烧开，倒入川贝、天冬。

4 盖上锅盖，大火煮 30 分钟至药性析出。

5 掀开锅盖，放入瘦肉、姜片、葱段。

6 加入少许料酒、盐、鸡粉，搅匀续煮 5 分钟即可。

 小贴士

猪肉不要切的太厚，以免腌渍时不宜入味。

虫草香菇排骨汤

 烹饪时间 125 分钟

原料

排骨 300 克，水发香菇 10 克，冬虫夏草 10 克，红枣 8 克

调料

盐、鸡粉各 2 克，料酒 10 毫升

排骨汆水时可以放入少许姜片，这样有助于去除腥味。

做法

1 锅中注水烧开，放入排骨，淋入料酒，略煮汆去血水。

2 捞出汆煮好的排骨，装入盘中，待用。

3 砂锅置火上，倒入排骨、红枣、冬虫夏草，注入适量清水、料酒，拌匀。

4 用大火煮开后再倒入香菇，拌匀。

5 盖上盖，煮开后转小火煮约 2 小时至食材熟透。

6 揭盖，加入盐、鸡粉，拌匀即可。

玉竹党参鲫鱼汤

 烹饪时间
30分钟

原料

鲫鱼 500 克，去皮胡萝卜 150 克，玉竹 5 克，党参 7 克，姜片少许

调料

盐、鸡粉各 1 克，料酒 5 毫升，食用油适量

做法

1 胡萝卜切片，改切成丝。

2 砂锅中倒入食用油，放入处理干净的鲫鱼。

3 放入姜片，加入料酒，注入适量清水。

4 倒入玉竹、党参，拌匀。

5 加盖，用大火煮开转小火煲 15 分钟至药材有效成分析出。

6 揭盖，倒入胡萝卜，加盖，续煮 10 分钟。

7 揭盖，加入盐、鸡粉，拌匀。

8 关火后盛出煮好的汤，装碗即可。

小贴士

煎鲫鱼前可以在烧热的锅底用生姜来回擦拭，可以防止煎鱼时粘锅。

当归羊肉羹

烹饪时间 19分钟

原料

羊肉 300 克，当归 10 克，黄芪、党参各 9 克，姜末少许，葱花少许

调料

盐 3 克，鸡粉 2 克，胡椒粉少许，生抽 5 毫升，料酒 6 毫升，鸡汁、水淀粉、芝麻油各适量

做法

1　羊肉切碎，再剁成肉末，装入碗中，待用。

2　砂锅中注水烧热，倒入当归、黄芪、党参。

3　盖盖，煮沸后用小火煲煮约 15 分钟，捞出锅中的药材，倒入羊肉末。

4　撒上姜末，拌匀煮沸，淋入料酒，再加盐调味。

5　掠去浮沫，再加入少许鸡汁、鸡粉、胡椒粉，搅拌匀。

6　转大火煮约 1 分钟，至食材熟软，倒入少许水淀粉勾芡。

7　淋入少许生抽，拌匀，滴上少许芝麻油，搅拌匀，略煮，至食材入味。

8　关火后盛出煮好的羊肉羹，装入汤碗中，撒上葱花即成。

小贴士

羊肉最好剁得细一些，这样羊肉羹的口感会更佳。

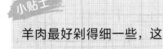

菟杞红枣炖鹌鹑

烹饪时间
62分钟

原料

鹌鹑肉 300 克，红枣 20 克，
枸杞 10 克，菟丝子 8 克，姜片
少许

调料

盐、鸡粉各 2 克，料酒 6 毫升

余煮鹌鹑肉时可淋入少许
料酒，能减轻肉质的腥味，
改善成品的口感。

做法

1 锅中注入适量清水烧开，倒入处理干净的鹌鹑肉，
搅拌匀。

2 用大火煮约半分钟，余去血渍，捞出余煮好的食材，
沥干水分，待用。

3 砂锅中注入适量清水烧开，倒入余过水的鹌鹑肉。

4 放入备好的姜片，加入洗净的红枣、枸杞、菟丝子，
淋入少许料酒提味。

5 盖上盖，煮沸后用小火煲煮约 60 分钟，至食材熟透。

6 揭盖，加入少许盐、鸡粉，拌匀调味。

7 转中火续煮一会儿，至汤汁入味。

8 关火后盛出煮好的汤料，装入汤碗中即成。

②  ③  ④  ⑤

参芪三七炖鸡

烹饪时间 62 分钟

原料

母鸡肉 500 克，党参、黄芪各 15 克，白术 10 克，三七 8 克，陈皮 5 克，姜片、葱条各少许

调料

盐 3 克，鸡粉、料酒各适量

小贴士

母鸡含油脂较多，汆水的时间最好长一些，这样能去除多余的油分。

做法

1 将洗净的鸡肉斩成小块。

2 锅中注水烧热，倒入鸡肉块，汆去血渍，捞出待用。

3 砂锅中注水烧开，倒入姜片、葱条。

4 放入党参、黄芪、白术、三七、陈皮、鸡肉块，淋入料酒提味。

5 盖上盖，煮沸后用小火煲煮约 60 分钟，至食材熟透。

6 揭盖，加入少许鸡粉、盐调味，拣去葱条，转中火略煮，至汤汁入味即成。

海参瑶柱虫草煲鸡

 烹饪时间
180分钟

原料

海参50克，虫草花40克，鸡肉块60克，高汤适量，蜜枣、干贝、姜片、黄芪、党参各少许

做法

1 锅中注水烧开，倒入鸡肉块，氽去血水。
2 将焯煮好的鸡块捞出，沥干水分。
3 把鸡肉块过一次冷水，清洗干净，备用。
4 砂锅中倒入适量高汤烧开，放入切好的海参，倒入虫草花。
5 倒入备好的鸡肉、蜜枣、干贝、姜片、黄芪、党参，搅拌均匀。
6 盖上锅盖，烧开后转小火煮3小时至食材入味即可。

 小贴士

药材在煮之前可以用凉水浸泡一会儿，这样能更好地析出药性。

四物乌鸡汤

 烹饪时间 62 分钟

原料

乌鸡肉 200 克，红枣 8 克，熟地、当归、白芍、川芎各 5 克

调料

盐、鸡粉各 2 克，料酒少许

做法

1 沸水锅中倒入斩好的乌鸡肉，淋入料酒略煮，捞出待用。

2 砂锅中注入适量清水，倒入熟地、当归、白芍、川芎、红枣。

3 放入氽过水的乌鸡肉，拌匀。

4 盖盖，用大火煮开后转小火续煮 1 小时至食材熟透。

5 揭盖，加入盐、鸡粉，拌匀。

6 关火后盛出煮好的汤料，装入碗中即可。

 小贴士

可将药材放入药袋中再煮，这样更方便食用。

①

②

③

④

首乌党参红枣乌鸡汤

 烹饪时间
182分钟

原料

乌鸡块 300 克，党参 20 克，红枣 4 克，首乌 20 克，姜片少许

调料

盐 2 克

做法

1 锅中注水烧开，倒入乌鸡块，汆煮片刻。

2 关火后捞出汆煮好的乌鸡块，沥干水分，装入盘中备用。

3 砂锅中注入适量清水，倒入乌鸡块、党参、红枣、首乌、姜片，拌匀。

4 加盖，大火煮开转小火煮 3 小时至有效成分析出。

5 揭盖，加入盐搅拌片刻至入味。

6 关火，盛出煮好的汤，装入碗中即可。

为了保持汤的原汁原味，所以不需添加其他调料。

枣仁黑豆养心汤

烹饪时间 42分钟

原料

水发黑豆 160 克，酸枣仁、柏子仁各少许

调料

白糖适量

做法

1 砂锅中注入适量清水烧热，倒入备好的酸枣仁。
2 放入洗净的柏子仁，倒入洗好的黑豆，搅拌匀。
3 盖上盖，烧开后用小火煮约 40 分钟，至黑豆熟透。
4 揭盖，加入白糖，搅匀，用中火煮至溶化。
5 关火后盛出煮好的汤料，装入碗中即成。

小贴士

可以用冰糖代替白糖，这样汤汁的药用效果更佳。

冬瓜虾仁汤

 烹饪时间
32 分钟

原料

去皮冬瓜 200 克，虾仁 200 克，
姜片 4 克

调料

盐 2 克，料酒 4 毫升，食用油
适量

做法

1 洗净的冬瓜切片。

2 取出电饭锅，打开盖子，通电后倒入切好的冬瓜。

3 倒入洗净的虾仁，放入姜片，倒入料酒，淋入食用油。

4 加入适量清水至没过食材，搅拌均匀。

5 盖上盖子，按下"功能"键，调至"靓汤"状态，
煮 30 分钟至食材熟软。

6 按下"取消"键，打开盖子，加入盐搅匀调味即可。

 小贴士

虾仁背部虾线含有很多脏污和毒素，需事先去除。

冬季，培元强身进补佳

冬季气候寒冷，阴盛阳衰。人体受寒冷气温的影响，机体的生理功能和食欲等均会发生变化。合理地调整饮食，保证人体必需营养素的充足，对提高人的耐寒能力和免疫功能，使我们安全、顺利地越冬，是十分必要的。在冬天这个进补养身的最佳时节，汤既能助人取暖，又能使人的胃口大开，增强免疫力。窗外寒冷如冰，与家人一起，围坐桌前，端上一碗热汤，幸福的滋味就此蔓延。

冬季进补原则

◎ 冬令进补应顺应自然，注意养阳，以滋补为主。根据中医"虚则补之，寒则温之"的原则，在膳食中应多吃温性、热性，特别是温补肾阳的食物进行调理，以提高机体的耐寒能力。

◎ 冬天的寒冷气候影响人体的内分泌系统，使人体的甲状腺素、肾上腺素等分泌增加，从而促进和加速蛋白质、脂肪、碳水化合物三大类热源营养素的分解。因此，冬天营养应以增加热能为主，可适当多摄入富含碳水化合物和脂肪的食物。

◎ 冬天是蔬菜的淡季，往往一个冬季过后，人体容易出现维生素不足，如缺乏维生素 C。绿叶菜种类少的时候，可适当吃些薯类，如红薯、土豆等，它们同样富含维生素 C、维生素 B 等成分。

冬季进补适宜食材与药材

牛肉
牛肉性温味甘，可暖人肠胃。

栗子
栗子有益肾气、健脾胃的作用。

鸡蛋
鸡蛋能补阴益血、除烦安神、补脾和胃。

大枣
大枣性温味甘，能补中益气、养血安神。

莲子百合排骨汤

 烹饪时间
122 分钟

原料

莲子百合排骨汤汤料包（龙牙百合、莲子、红枣、党参、枸杞）1/2 包，排骨 200 克，玉米 100 克，水 800~1000 毫升

调料

盐适量

做法

1 莲子倒入装有清水的碗中，泡发 1 小时。

2 将龙牙百合、枸杞放入装有清水的碗中，泡发 10 分钟。

3 把红枣、党参放入装有清水的碗中，泡发 10 分钟。

4 锅中注水大火烧开，倒入排骨，余煮去杂质，捞出待用。

5 锅中注入清水，倒入排骨、玉米。

6 放入泡发滤净的莲子、红枣、党参，盖上盖，开大火煮开后转小火煮 100 分钟。

7 掀开锅盖，倒入泡发滤净的龙牙百合、枸杞，盖盖，小火续煮 20 分钟。

8 掀开锅盖，放入适量的盐，搅匀调味即可。

 小贴士

莲子可以用温水泡发，能减短泡发时间。

党参麦冬五味子瘦肉汤

 烹饪时间
92 分钟

原料

瘦肉块 100 克,五味子、麦冬、党参各 10 克,姜片少许

调料

盐、鸡粉各 1 克

做法

1 沸水锅中倒入洗净的瘦肉块。

2 氽煮一会儿至去除血水和脏污。

3 捞出氽好的瘦肉,沥干水分,装盘待用。

4 砂锅注水,倒入氽好的瘦肉。

5 放入姜片、五味子、麦冬、党参,搅拌均匀。

6 加盖,用大火蒸续煮 90 分钟至药材有效成分析出。

7 揭盖,加入盐、鸡粉搅匀调味。

8 关火后盛出煮好的汤,装碗即可。

 小贴士

氽煮瘦肉时可加入适量料酒,去腥提鲜的效果更佳。

核桃栗子瘦肉汤

 烹饪时间 180 分钟

原料

瘦肉块 70 克，核桃仁 20 克，板栗肉 30 克，玉米段 60 克，胡萝卜块 50 克，高汤适量

调料

盐 2 克

做法

1 锅中注入适量清水烧开，倒入洗净的瘦肉块，搅散，汆煮片刻。

2 捞出汆煮好的瘦肉，沥干水分。

3 将瘦肉过一次冷水，备用。

4 砂锅中注入适量高汤，放入汆过水的瘦肉块。

5 再倒入备好的玉米、核桃仁、胡萝卜块、板栗肉，搅拌片刻。

6 盖上锅盖，用大火煮 15 分钟后转中火煮 1 ~ 3 小时至食材熟软。

7 揭开锅盖，加入少许盐调味，搅拌均匀至食材入味。

8 盛出煮好的汤料，装入碗中，待稍微放凉即可食用。

 小贴士

核桃可以用锅干炒一下，味道会更香。

芥菜胡椒猪肚汤

烹饪时间
92 分钟

原料

熟猪肚 125 克，芥菜 100 克，红枣 30 克，姜片少许

调料

胡椒粉 5 克，盐、鸡粉各 2 克

做法

1 熟猪肚切粗条；洗净的芥菜切块，待用。

2 砂锅中注水烧开，倒入猪肚、芥菜、姜片、红枣，拌匀。

3 加盖，大火煮开后转小火煮 1 小时。

4 揭盖，加入胡椒粉，拌匀。

5 加盖，续煮 30 分钟至食材熟透入味。

6 揭盖，加入盐、鸡粉，搅拌片刻即可。

小贴士

猪肚不易熟烂，煮制的时间可适当长一些。

①

②

③

④

山药羊肉汤

 烹饪时间
43分钟

原料

羊肉 300 克，山药块 250 克，
葱段、姜片各少许

做法

1 锅中注水烧开，倒入羊肉，搅拌煮约 2 分钟，关火。

2 捞出汆煮好的羊肉，过一下冷水，装盘备用。

3 锅中注水烧开，倒入山药块、葱段、姜片、羊肉，
搅拌均匀。

4 盖上盖，用大火烧开后转至小火炖煮约 40 分钟。

5 揭开盖，捞出煮好的羊肉，切块，装入碗中。

6 浇上锅中煮好的汤水即可。

 小贴士

可根据个人口味，适量添加盐调味。

参蓉猪肚羊肉汤

 烹饪时间
61分钟

原料

羊肉 200 克，猪肚 180 克，当归 15 克，肉苁蓉 15 克，姜片、葱段各适量

调料

盐 2 克，鸡粉 2 克，料酒适量

做法

1 洗净的猪肚、羊肉分别切成小块。

2 锅中注水烧开，倒入切好的羊肉、猪肚，搅拌匀。

3 淋入适量料酒，煮至沸，氽去血水，捞出备用。

4 砂锅中注入适量清水烧开，倒入当归、肉苁蓉、姜片。

5 放入氽过水的羊肉和猪肚，淋入适量料酒。

6 盖上盖，烧开后用小火炖 1 小时，至食材熟透。

7 揭开盖，放入少许盐、鸡粉搅拌匀。

8 关火后盛出煮好的汤料，装入碗中，放入葱段即可。

 小贴士

猪肚不易炖烂，可以多炖一会儿。

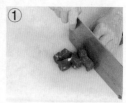

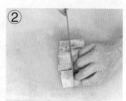

田七山药牛肉汤

🍲 烹饪时间
73分钟

原料

牛肉 180 克，山药 120 克，田七粉、枸杞各少许

调料

盐、鸡粉各 1 克，料酒 6 毫升

小贴士

牛肉氽去血水后再煮，可使牛肉汤不浑浊。

做法

1 洗好的牛肉切条形，改切成丁。

2 洗净的山药去皮，切厚片，再切条形，改切成小块。

3 锅中注水烧开，倒入牛肉，淋入料酒。

4 拌匀，氽去血水，捞出材料，沥干水分，待用。

5 砂锅中注入适量清水烧热，倒入牛肉、田七粉，淋入料酒。

6 盖上盖，烧开后用小火煮约 50 分钟。

7 揭开盖，倒入山药、枸杞，再盖上盖，用中小火煮约 20 分钟。

8 揭开盖，加入盐、鸡粉拌匀，煮至食材入味即可。

牛肉莲子红枣汤

烹饪时间
123分钟

原料

红枣15克，牛肉块250克，莲子10克，姜片、葱段各少许

调料

盐3克，料酒适量

做法

1 锅中注入适量清水烧开，放入牛肉块，略煮一会儿，汆去血水。

2 捞出汆煮好的牛肉，装入盘中，备用。

3 砂锅中注入适量清水烧开，倒入汆过水的牛肉，放入备好的莲子、红枣、姜片、葱段，淋入料酒。

4 盖上盖，用大火煮开后转小火煮2小时至食材熟透。

5 揭盖，放入少许盐，拌匀调味。

6 关火后盛出煮好的汤料，装入碗中即可。

牛肉一定要煮熟透，否则不易咀嚼，也影响消化。

淮杞鹿茸炖牛鞭

烹饪时间
126 分钟

原料

牛鞭 400 克，淮山 5 克，红枣 10 克，鹿茸片 3 克，姜片、枸杞各少许

调料

盐 2 克，鸡粉 2 克，料酒适量

若喜欢比较软烂的口感，可以适当延长炖煮的时间。

做法

1 砂锅中注水，放入姜片、牛鞭、淋入适量料酒。

2 盖盖，大火煮 30 分钟后捞出，切成段，待用。

3 取一个炖盅，放入牛鞭、鹿茸、淮山、红枣、枸杞、姜片。

4 倒入适量清水，淋入料酒，盖上盖，待用。

5 蒸锅中注入适量清水烧开，放入炖盅。

6 盖盖，大火煮开后转小火炖 2 小时至食材熟透。

7 揭盖，放入盐、鸡粉，拌匀。

8 再盖上盖，续炖 5 分钟至食材入味即可。

①

②

③

⑤

芡实苹果鸡爪汤

烹饪时间
45分钟

原料

鸡爪6只，苹果1个，芡实50克，花生15克，蜜枣1颗，胡萝卜丁100克

调料

盐3克

小贴士

焯煮鸡爪的时候可加入适量生姜，这样去腥的效果更好。

做法

1 锅中注水烧开，倒入洗净去甲的鸡爪，搅拌一下。

2 焯煮约1分钟，捞出过凉待用。

3 砂锅中注水，倒入泡好的芡实、过完凉水的鸡爪。

4 放入切好的胡萝卜，加入蜜枣、花生，拌匀。

5 加盖，用大火煮开后转小火续煮30分钟至食材熟软。

6 揭盖，去除浮沫，倒入切好的苹果，拌匀。

7 加盖，续煮10分钟至食材入味，加入盐，拌匀。

8 关火后盛出煮好的汤，装碗即可。

① 　② 　③ 　④

菌菇冬笋鹅肉汤

烹饪时间 52 分钟

原料

鹅肉 500 克，茶树菇 90 克，蟹味菇 70 克，冬笋 80 克，姜片少许

调料

盐、鸡粉各 2 克，料酒 20 毫升，胡椒粉适量

做法

1 洗净的茶树菇切去老茎，改切段；蟹味菇切去老茎；冬笋切段，再切片。

2 锅中注水烧开，倒入鹅肉、料酒，汆去血水，捞出备用。

3 砂锅中注水烧开，倒入鹅肉，放入姜片，淋入适量料酒。

4 盖上盖，烧开后转小火炖 30 分钟，至鹅肉熟软。

5 揭开盖，倒入茶树菇、蟹味菇、冬笋片，搅拌片刻。

6 盖上盖，用小火再炖 20 分钟，至食材熟透。

7 揭开盖，放入少许盐、鸡粉、胡椒粉，搅拌片刻即可。

小贴士

冬笋可以先用开水焯一下，这样能去除其涩味。

花旗参竹荪桂圆煲鸡

烹饪时间
180 分钟

原料

鸡肉 300 克，竹荪 50 克，红枣 5 克，淮山 4 克，党参 3 克，花旗参 3 克，桂圆 3 克，姜片少许，高汤 500 毫升

调料

盐 2 克

做法

1 锅中注水烧开，放入洗净切好的鸡肉，氽去血水。
2 捞出鸡肉，过冷水，装盘待用。
3 砂锅中注入适量高汤烧开，放入洗净的红枣、淮山、党参、花旗参、桂圆、姜片。
4 倒入氽过水的鸡肉和洗净的竹荪，搅拌均匀。
5 盖上锅盖，烧开后转小火煮 1 ~ 3 小时，至熟。
6 揭盖，放入少许盐调味。
7 拌煮片刻，至食材入味。
8 关火后盛出煮好的汤料，装入碗中即可。

竹荪烹制前可用淡盐水泡发，可减轻异味。

薄荷椰子杏仁鸡汤

🍲 烹饪时间
62 分钟

原料

鸡腿肉 250 克，椰浆 250 毫升，杏仁 5 克，薄荷叶少许

调料

盐 2 克，鸡粉 2 克，料酒适量

小贴士

若怕油腻，可以把鸡皮去掉后再煮。

做法

1 洗净的薄荷叶切碎。

2 锅中注水烧开，倒入鸡肉块，淋入料酒，拌匀，略煮一会儿。

3 捞出汆煮好的鸡肉，装入盘中，备用。

4 砂锅中注水烧开，倒入备好的椰浆、鸡肉、杏仁、薄荷叶，拌匀，淋入少许料酒。

5 盖盖，大火煮开后转小火煮 1 小时至食材熟透。

6 揭盖，加入盐、鸡粉，拌匀调味。

7 关火后盛出煮好的汤料，装入碗中即可。

人参田七炖土鸡

烹饪时间 48 分钟

（原料）

土鸡块 320 克，人参、田七、红枣、姜片、枸杞各少许

（调料）

盐 2 克，鸡粉 2 克，料酒 6 毫升

（做法）

1　锅中注入适量清水烧开，倒入土鸡块，拌匀。

2　淋入料酒，汆去血水。

3　捞出土鸡肉，沥干水分，待用。

4　砂锅中注入适量清水烧热，倒入人参、田七、红枣、姜片。

5　放入土鸡肉，淋入少许料酒，拌匀。

6　盖上盖，烧开后用小火炖煮约 45 分钟。

7　揭开盖，放入枸杞，加入盐、鸡粉拌匀调味。

8　关火后盛出炖好的菜肴即可。

小贴士

土鸡先用油炒一下再炖，会增加汤汁的香味。

百合红枣乌龟汤

 烹饪时间
122 分钟

原料

乌龟肉 300 克，红枣 15 克，百合 20 克，姜片、葱段各少许

调料

盐、鸡粉各 2 克，料酒 5 毫升

做法

1 锅中注水烧开，倒入乌龟肉，淋入少许料酒。

2 略煮一会儿，汆去血水，捞出，放凉待用。

3 剥去乌龟的外壳，待用。

4 砂锅中注水烧热，倒入红枣、姜片、葱段、乌龟肉。

5 盖上盖，烧开后转小火煮 90 分钟，倒入百合。

6 再盖上盖，用小火续煮 30 分钟至食材熟透。

7 揭开盖，加入少许盐、鸡粉搅拌均匀，至食材入味。

8 关火后将煮好的汤料盛出，装入碗中即可。

 小贴士

乌龟肉腥味较重，汆水的时间可长一点。

响螺片猴头菇健脾汤

健脾山药汤

第3章

按需喝汤，合理滋补

广东人喝汤讲究滋补、调养，而且还会根据个人的具体身体情况及不同的需求来煲汤。

健脾开胃汤

许多人都有脾胃不和的问题，如腹泻、恶心、呕吐、食欲不振等，往往都会觉得没什么大问题，就此忽略。但是这样的脾胃小问题，拖久了就会拖出胃病。喝汤就是一个很好的健脾养胃的方法，品尝美味的同时又能够强壮脾胃，何乐而不为呢？

常用的健脾养胃食材有太子参、茯苓、党参、栗子、猪肚、牛肚、芋头、莲藕、山药等，常常用这些食材煲汤喝，养好脾胃不是难题。

车前草猪肚汤

 烹饪时间：126 分钟

原料
猪肚200克，水发薏米，水发赤小豆，各35克，车前草、蜜枣、姜片各少许

调料
盐、鸡粉各2克，料酒、胡椒粉各适量

 小贴士

猪肚的汆水时间不宜太长，以免降低了其营养价值。

做法

1 锅中注水烧开，倒入猪肚，煮去异味。

2 捞出猪肚，放凉后切去油脂，切成粗丝。

3 砂锅中注水烧热，倒入猪肚，放入车前草、蜜枣、薏米、赤小豆。

4 放入姜片，淋入料酒，盖盖，烧开后用小火煮2小时。

5 揭开锅盖，加入少许盐、鸡粉、胡椒粉，拌匀。

6 拣出车前草，关火后盛出汤料即可。

砂仁黄芪猪肚汤

烹饪时间
61 分钟

原料

砂仁 20 克，黄芪 15 克，姜片 25 克，猪肚 350 克，水发银耳 100 克

调料

盐、鸡粉各 3 克，料酒 20 毫升

做法

1 银耳切成小块；处理好的猪肚切块，改切成条。
2 锅中注入适量清水烧开，放入银耳，煮约半分钟后捞出。
3 把猪肚倒入锅中，放入料酒，煮至变色，捞出。
4 砂锅中注水烧开，放入砂仁、姜片、黄芪。
5 放入银耳，倒入汆过水的猪肚，加少许料酒。
6 盖上盖，烧开后用小火炖 1 小时，至食材熟透。
7 揭盖，加入少许盐、鸡粉，搅拌匀，。
8 把炖煮好的汤料盛出，装入碗中即可。

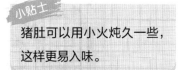

小贴士

猪肚可以用小火炖久一些，这样更易入味。

白术党参猪肘汤

原料

猪肘500克，白术10克，党参10克，姜片15克，枸杞8克

调料

盐2克，鸡粉2克，料酒7毫升，白醋10毫升

做法

1 锅中注水烧开，倒入猪肘，淋入白醋，搅动，煮约2分钟。
2 去除血渍后捞出，沥干水分，待用。
3 砂锅中注水烧开，倒入白术、党参、枸杞、姜片。
4 放入氽过水的猪肘，搅拌匀，淋上少许料酒提味。
5 盖上盖，转小火煮约40分钟，至食材熟透。
6 取下盖子，加入少许盐、鸡粉。
7 搅匀调味，续煮一会儿，至汤汁入味。
8 关火后盛出煮好的猪肘汤即成。

小贴士

猪肘氽好后最好用清水清洗几次，这样煮出的汤杂质会更少一些。

茶树菇猪骨汤

烹饪时间 152 分钟

原料

水发茶树菇 100 克，猪骨 300 克，红枣 5 克，西洋参适量

调料

盐 4 克

做法

1 取出电饭锅，打开盖子，通电后倒入洗净的猪骨。

2 放入洗净的茶树菇。

3 倒入洗好的红枣，放入西洋参。

4 加入适量清水至没过食材，搅拌一下。

5 盖上盖子，按下"功能"键，调至"老火汤"状态，煮 150 分钟至食材熟软。

6 按下"取消"键，打开盖子，加入盐。

7 搅匀调味，断电后将煮好的汤装碗即可。

小贴士

茶树菇需先泡发半个小时左右，这样才更容易煮熟软。

苹果红枣陈皮瘦肉汤

烹饪时间 180 分钟

原料

苹果块 200 克，瘦肉 120 克，
水发木耳 100 克，红枣 15 克，
陈皮 5 克，高汤适量

调料

盐 2 克

做法

1 锅中注水烧开，倒入洗净切好的瘦肉，搅拌均匀，煮约 2 分钟，汆去血水。

2 关火后捞出汆煮好的瘦肉。

3 将瘦肉过一下冷水，装盘备用。

4 砂锅中注入适量高汤烧开，倒入汆过水的瘦肉。

5 放入备好的红枣、陈皮，加入洗净的木耳，倒入苹果块，搅拌均匀。

6 盖上盖，用大火烧开后转小火炖 1～3 小时至食材熟透。

7 揭开盖，加入盐，拌匀调味。

8 盛出煮好的汤料，装入碗中即可。

小贴士

木耳宜用冷水泡发，这样不易流失营养。

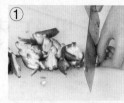
①

④

⑤

⑥

健脾利水排骨汤 | 🍲 烹饪时间 122 分钟

 原料

排骨 300 克，香菇 100 克，玉米块 100 克，板栗仁 100 克，杏鲍菇 100 克，冬瓜 100 克，胡萝卜 100 克

调料

盐 4 克

做法

1. 洗净的香菇去蒂，切丝；杏鲍菇切片；冬瓜切小块；胡萝卜切小块。
2. 取出电饭锅，打开盖子，通电后倒入洗净的排骨。
3. 放入香菇、玉米块、板栗仁、杏鲍菇、冬瓜、胡萝卜。
4. 倒入适量清水至没过食材，搅匀。
5. 盖上盖子，按下"功能"键，调至"靓汤"状态，煮 2 小时至食材熟软。
6. 按下"取消"键，打开盖子，加入盐搅匀调味。
7. 断电后盛出煮好的汤，装碗即可。

 小贴士

冬瓜皮清热解毒功效更佳，可以不去除，但注意要清洗干净。

四君子汤

烹饪时间
122 分钟

原料

四君子汤汤料包（党参、白术、茯苓、甘草）1/2 包，筒骨 200 克，水 1000 毫升

调料

盐 2 克

做法

1 将白术、茯苓、甘草装入隔渣袋，扎紧袋口，放入装有清水的碗中，浸泡 10 分钟。

2 锅中注水大火烧开，倒入筒骨，搅匀汆煮去除血水。

3 将筒骨捞出，沥干水分，待用。

4 待食材均泡发处理好，装入碟子待用。

5 锅中注水，倒入筒骨、泡发好的隔渣袋、党参，搅拌匀。

6 盖上锅盖，开大火煮开转小火煮 2 小时。

7 掀开锅盖，加入少许盐，搅匀调味即可。

筒骨汆煮的时间久一点，能更好地去除杂质。

响螺片猴头菇健脾汤

🍲 烹饪时间
123 分钟

原料

响螺片猴头菇健脾汤（响螺片、
猴头菇、枸杞、怀山药、蜜枣、
白术、茯苓）1/2 包，筒骨 200
克，水 1000 毫升

调料

盐适量

小贴士

筒骨汆煮的时候可以长一
点，能更好地去除杂质。

做法

1. 将白术、茯苓装入隔渣袋内，扎紧袋口，放入装有
   清水的碗中，泡发 10 分钟。
2. 把怀山药、枸杞分别倒入清水碗中，浸泡 10 分钟。
3. 将响螺片、猴头菇倒入装有清水的碗中，浸泡 30
   分钟。
4. 砂锅中注水烧开，倒入筒骨汆煮去血水，捞出备用。
5. 砂锅中注水，倒入筒骨、响螺片、猴头菇、隔渣袋，
   加入蜜枣，拌匀。
6. 盖盖，开大火将汤煮开；掀开锅盖，倒入怀山药。
7. 盖盖，小火煲煮 100 分钟；掀开锅盖，加入枸杞。
8. 盖盖，小火继续煲煮 20 分钟；掀开锅盖，加盐调
   味即可。

⑤ 　⑥ 　⑦ 　⑧

健脾山药汤

🍲 烹饪时间
62 分钟

原料

排骨 250 克，姜片 10 克，山药 200 克

调料

盐 2 克，料酒 5 毫升

做法

1 锅中注水烧开，放入排骨，加入料酒，拌匀。
2 焯煮约 5 分钟至去除血水及脏污，捞出待用。
3 砂锅中注水烧开，放入姜片，倒入焯好的排骨。
4 加入料酒，拌匀，盖上盖，用小火煮 30 分钟。
5 揭盖，放入山药，拌匀。
6 盖上盖，用大火煮开后转小火续煮 30 分钟至食材入味。
7 揭盖，加入盐，拌匀即可。

小贴士

山药切好后若不立即使用，应放入加了白醋的清水中浸泡，以防其氧化变色。

山药红枣鸡汤

烹饪时间
44 分钟

原料

鸡肉 400 克，山药 230 克 ，红枣、枸杞、姜片各少许

调料

盐 3 克，鸡粉 2 克，料酒 4 毫升

做法

1 去皮的山药切开，再切滚刀块；鸡肉切块，备用。

2 锅中注水烧开，倒入鸡肉块，淋入料酒，大火煮约 2 分钟，捞出备用。

3 砂锅中注水烧开，倒入鸡肉块。

4 放入红枣、姜片、枸杞，淋入料酒。

5 盖上盖，用小火煮约 40 分钟至食材熟透。

6 揭开盖，加入少许盐、鸡粉。

7 搅拌均匀，略煮片刻至食材入味。

8 关火后盛出煮好的汤料，装入碗中即可。

小贴士

汆煮好的鸡肉块可用清水冲洗，这样能彻底去除血渍。

养肝健脾神仙汤

 烹饪时间
123分钟

原料

养肝健脾神仙汤汤料1/2包（灵芝、怀山药、枸杞、小香菇、麦冬、红枣），乌鸡块200克，清水1000毫升

调料

盐2克

小贴士

香菇需要浸泡至少半个小时以上，这样能有效去除杂质且方便煮熟软。

做法

1 将香菇倒入清水碗中，浸泡30分钟；枸杞和灵芝、麦冬、红枣分别装入清水碗中，泡发5分钟。

2 捞出泡好的汤料，沥干水分，分别装入3个干净的碗中，待用。

3 砂锅中注水烧开，放入乌鸡块，汆煮一会儿至去除血水和脏污，捞出待用。

4 砂锅中注入清水，放入乌鸡块、香菇、灵芝、怀山药、麦冬、红枣，拌匀。

5 加盖，大火煮开转小火煮100分钟。

6 揭盖，倒入枸杞，拌匀。

7 加盖，续煮20分钟至枸杞熟软。

8 揭盖，加入盐，稍稍搅至入味即可。

小白菜虾皮汤

烹饪时间
4 分钟

原料

小白菜 200 克，虾米 35 克，姜片少许

调料

盐 3 克，鸡粉 2 克，料酒、食用油各适量

做法

1 洗净的小白菜切成段，装入盘中，待用。

2 用油起锅，放入姜片爆香。

3 下入洗好的虾米，拌炒匀。

4 再淋入少许料酒，炒香，倒入适量清水。

5 盖上盖，烧开后用中火煮约 2 分钟。

6 揭盖，加入适量盐、鸡粉，倒入切好的小白菜。

7 用锅勺拌匀煮至沸。

8 把煮好的汤盛出，装入碗中即成。

小贴士

小白菜不可煮制过久，以免流失过多的营养成分。

太子参淮山药鱼汤

烹饪时间
123分钟

原料

太子参淮山药鱼汤 1/2 包（太子参、淮山药、枸杞、红枣、白术、茯苓），鱼头 200 克

调料

盐 2 克

做法

1 将汤包中食材分开装入碗中，清洗干净；将白术、茯苓装入隔渣袋；滤出其他食材。

2 向装有食材的碗中注入清水，泡发 15 分钟。

3 将鱼头清洗干净，沥干水分。

4 锅中注水，放入除枸杞外的药材；大火煮开后转小火煮 100 分钟至有效成分析出。

5 倒入备好的鱼头、枸杞，继续炖 20 分钟。

6 放入盐调味，将煮好的汤盛入碗中即可。

小贴士

鱼头也可以事先用油煎一下，味道会更香。

红豆鲤鱼汤

 烹饪时间
32 分钟

原料

净鲤鱼 650 克，水发红豆 90 克，姜片、葱段各少许

调料

盐、鸡粉各 2 克，料酒 5 毫升

做法

1 锅中注入适量清水烧热，倒入洗净的红豆。

2 撒上姜片、葱段，放入处理好的鲤鱼，淋入料酒。

3 盖上盖，烧开后用小火煮约 30 分钟至食材熟透。

4 揭盖，加入少许盐、鸡粉，拌匀调味，转中火略煮，至汤汁入味。

5 关火后盛出煮好的鲤鱼汤，装入汤碗中即成。

小贴士

鲤鱼先切上花刀再煮，这样肉质会更入味。

山药枸杞兔骨汤

烹饪时间 62 分钟

原料

兔骨 200 克，猪骨 180 克，山药 150 克，桂圆肉、枸杞、姜片各少许

调料

盐、鸡粉各 2 克，料酒 8 毫升

做法

1 洗净的山药去皮切条形，再切成小块，备用。

2 锅中注水烧开，淋入料酒，放入猪骨、兔骨，搅匀，汆去血水。

3 捞出汆煮好的食材，沥干水分，待用。

4 砂锅中注水烧开，倒入桂圆肉、枸杞、姜片。

5 放入兔骨、猪骨，倒入山药，淋入料酒。

6 盖上盖，烧开后用小火煮约 1 小时至食材熟透。

7 揭开盖，加入少许盐、鸡粉拌匀调味，至食材入味即可。

小贴士

煮的过程中可撇去浮沫，这样煮好的汤口味更清淡。

山药甲鱼汤

烹饪时间
31 分钟

原料

甲鱼块 700 克，山药 130 克，姜片 45 克，枸杞 20 克

调料

料酒 20 毫升，盐、鸡粉各 2 克

小贴士

炖煮此汤时宜用小火慢炖，这样才能更好地析出甲鱼的营养。

做法

1 洗净的山药去皮切块，改切成片。
2 锅中注水烧开，倒入甲鱼块，加入料酒，搅拌匀，汆去血水。
3 将汆煮好的甲鱼块捞出，沥干水分，备用。
4 砂锅中注入适量清水烧开，放入枸杞、姜片。
5 倒入甲鱼块，加入料酒，盖上盖，烧开后用小火炖 20 分钟。
6 揭开盖，放入山药，搅拌几下。
7 再盖上盖，用小火再炖 10 分钟，至全部食材熟透。
8 揭开盖，放入少许盐、鸡粉用锅勺拌匀调味即可。

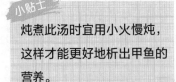

茯苓百合养胃汤

烹饪时间 122 分钟

原料

茯苓百合养胃汤汤料包（茯苓、龙牙百合、白术、甘草、怀山药、党参）1/2 包，莲藕块 200 克

调料

盐 2 克

切好的莲藕要放入凉水中浸泡，以免氧化变黑。

做法

1 将茯苓、白术、甘草装入隔渣袋里，系好袋口，装入碗中；再放入怀山药、党参，倒入清水泡发 10 分钟。

2 将龙牙百合装入碗中，倒入清水泡发 20 分钟。

3 将泡好的食材取出，沥干水分，装入盘中备用。

4 砂锅中注水，倒入莲藕块、怀山药、党参、茯苓、白术、甘草，拌匀。

5 加盖，大火煮开转小火煮 100 分钟至有效成分析出。

6 揭盖，放入龙牙百合，拌匀，加盖，续煮 20 分钟。

7 揭盖，加入盐稍稍搅拌至入味。

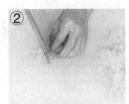

枇杷银耳汤

烹饪时间 32 分钟

原料

枇杷 100 克，水发银耳 260 克

调料

白糖适量

做法

1 洗净的枇杷去除头尾，去皮，把果肉切开，去核，切成小块。

2 洗好的银耳切去根部，再切成小块，备用。

3 锅中注水烧开，倒入枇杷、银耳，搅拌均匀。

4 盖盖，烧开后用小火煮约 30 分钟至食材熟透。

5 揭开盖，加入白糖。

6 搅拌匀，用大火略煮片刻至其溶化。

7 关火后盛出煮好的银耳汤即可。

小贴士

将此甜品放凉后食用，效果更佳。

甘草大枣汤

烹饪时间
65分钟

原料

水发小麦 75 克，甘草、红枣各少许

调料

白糖 3 克

做法

1 砂锅中注入适量清水烧热。

2 倒入洗好的红枣、甘草。

3 盖上锅盖，用大火煮沸。

4 揭开锅盖，倒入洗净的小麦，拌匀。

5 再盖上锅盖，用中小火煮 1 小时至熟。

6 揭开锅盖，放入适量白糖，搅拌匀至白糖溶化。

7 关火后盛出煮好的汤料即可。

 小贴士

小麦不易熟透，泡发的时间可稍微长一些。

119

气血虚亏指气虚和血虚，气血不足会过早衰老、干枯脱发、失眠多梦、手脚冰凉。养补气血不是一两天的事情，需要长时间的调养，也是一年四季的必修课。而最好的补品就来源于日常的膳食选取，在必然的一日三餐中摄取营养，这些汤品让好气色由内而外自然地散发出来。

阿胶猪皮汤

 烹饪时间：46 分钟

原料

猪皮 130 克，阿胶 10 克，葱白少许

调料

盐 2 克，生抽、料酒各 5 毫升

 小贴士

猪皮宜先用刀刮除表面细小的杂毛，以免影响口感。

做法

1 锅中注水烧开，放入切好的猪皮，汆去腥味，捞出待用。

2 在阿胶中加入热水，搅拌至溶化，备用。

3 砂锅中注水烧热，倒入猪皮、葱白，淋入料酒。

4 盖上盖，用大火煮开后转小火煮 40 分钟至猪皮熟软。

5 揭盖，加入适量盐、生抽，放入拌匀的阿胶，拌匀。

6 略煮片刻至阿胶充分溶入汤中。

7 关火后盛出煮好的汤料，装入碗中即可。

霸王花枇杷叶猪肚汤

 烹饪时间 182 分钟

原料

猪肚 300 克，枇杷叶 10 克，水发霸王花 30 克，无花果 4 枚，蜜枣 10 克，杏仁 30 克，太子参 25 克，水发百合 45 克，姜片少许，牛奶适量

调料

盐 2 克

 小贴士

氽煮猪肚时可加入料酒，能有效去除异味。

做法

1 锅中注入适量清水烧开，倒入猪肚，氽煮片刻。

2 关火后捞出氽煮好的猪肚，沥干，装盘待用。

3 将猪肚放在砧板上，切成粗条，装入盘中。

4 砂锅中注水，倒入猪肚、枇杷叶、霸王花、无花果、蜜枣、百合、太子参、杏仁、姜片，拌匀。

5 加盖，大火煮开转小火煮 3 小时。

6 揭盖，加入盐，拌匀。

7 倒入适量牛奶，拌匀。

8 关火，盛出煮好的汤，装入碗中即可。

葛根木瓜猪蹄汤

烹饪时间
123分钟

原料

葛根木瓜猪蹄汤汤料（葛根、木瓜丝、核桃、黄豆、红豆、花生、莲子）1/2包，猪蹄块200克，清水1000毫升

调料

盐2克

做法

1 将葛根和木瓜丝、核桃、黄豆、红豆、花生、莲子分别装入碗中，倒入清水泡发8分钟。

2 捞出泡好的葛根和木瓜丝、核桃、黄豆、红豆、花生、莲子，沥干水分，备用。

3 锅中注水烧开，放入猪蹄块，氽煮至去除血水和脏污。

4 关火后捞出猪蹄块，沥干水分，待用。

5 砂锅中注入清水，倒入氽好的猪蹄块、泡好的汤料，拌匀。

6 加盖，大火煮开转小火煮2小时至有效成分析出。

7 揭盖，加入盐，搅拌片刻至入味即可。

③

④

⑤

⑦

小贴士

氽好水的猪蹄可以在凉水中浸泡片刻，口感会更好。

当归红枣猪蹄汤

🍲 烹饪时间
123 分钟

原料

当归红枣猪蹄汤汤料包
（当归、黄芪、党参、红枣、
白扁豆、黄豆）1/2 包，
猪蹄 200 克，姜片少许，
料酒 5 毫升

调料

盐 2 克，料酒适量

做法

1 将当归、黄芪装进隔渣袋里，放入清水碗中。

2 加入党参、红枣，搅拌均匀，一同泡发 10 分钟。

3 黄豆、白扁豆放入清水碗中，泡发 2 小时。

4 捞出泡好的食材，沥干水分，装盘待用。

5 沸水锅中倒入猪蹄，加入料酒，汆煮至去除血水，捞出待用。

6 砂锅注水，放入猪蹄、泡好的食材、姜片，搅拌均匀。

7 加盖，用大火煮开后转小火续煮 120 分钟。

8 揭盖，加入盐搅匀调味即可。

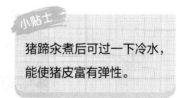

小贴士

猪蹄汆煮后可过一下冷水，
能使猪皮富有弹性。

花胶党参莲子瘦肉汤

 烹饪时间 182 分钟

原料

水发花胶 80 克，瘦肉 150 克，
水发莲子 50 克，桂圆肉 15 克，
水发百合 50 克，党参 20 克

调料

盐 2 克

小贴士

花胶需要提前浸泡过夜，这
样烹煮时其药效可以更好地
发挥出来。

做法

1 花胶切块；洗净的瘦肉切块。

2 锅中注水烧开，倒入瘦肉，汆煮片刻。

3 关火，捞出瘦肉，沥干水分，装盘待用。

4 砂锅中注水，倒入瘦肉、花胶、莲子、党参、桂圆肉、百合，拌匀。

5 加盖，大火煮开转小火煮 3 小时至食材熟软。

6 揭盖，加入盐，搅拌片刻至入味即可。

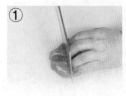   

核桃小花胶远志瘦肉汤

 烹饪时间 148分钟

原料

龟板、小花胶各15克，远志、黄精、桂圆肉各10克，核桃20克，瘦肉150克，高汤适量

调料

盐2克

核桃仁可以掰成小块后再煮，这样能更好地析出营养成分。

做法

1 锅中注水烧开，倒入切好的瘦肉，搅拌煮约2分钟。

2 捞出汆煮好的瘦肉，过一下冷水，装盘备用。

3 砂锅中注入适量高汤烧开，倒入汆煮好的瘦肉。

4 放入龟板、远志、黄精、桂圆肉、核桃，搅拌均匀。

5 盖上盖，用大火煮15分钟后转小火炖约2小时，至食材熟透。

6 揭开盖，放入小花胶，盖上盖，续煮约10分钟。

7 揭开盖，放入盐，拌匀调味即可。

人参滋补汤

烹饪时间
65 分钟

原料

鸡肉 300 克，猪瘦肉 35 克，人参、党参、北芪、龙眼、枸杞、红枣、姜片各适量，高汤适量

调料

盐、鸡粉、味精各适量

做法

1 鸡肉洗净斩块，与瘦肉一起放入锅中汆煮，断生后捞出沥干。

2 将煮好的鸡块、瘦肉放入炖盅，再加入洗净的药材和姜片。

3 锅中倒入高汤煮沸，加盐、鸡粉调味。

4 将高汤舀入炖盅，加上盖。

5 炖锅中加入清水，放入炖盅，加盖炖 1 小时即可。

小贴士

药材含有少量的杂质，使用前要用清水清洗干净。若选用砂煲炖制此汤，应注意火候不宜过大，以保持汤沸为佳。煲开后转小火慢煲，一般情况下需要1 个小时左右。煮的时间不宜过久，否则人参所含的皂苷就会分解，失去其营养价值。

黄芪党参龙凤汤

 烹饪时间 122分钟

原料

黄芪党参龙凤汤汤料包（黄芪、党参、陈皮、红枣、枸杞、黄豆、牛膝、小香菇）
1/2 包，鳝鱼肉 100 克，土鸡肉 100 克，水 800 ～ 1000 毫升

调料

盐适量

做法

1 黄芪、牛膝装入隔渣袋浸泡 10 分钟；党参、陈皮、红枣一起泡发 10 分钟；黄豆泡发 2 小时；枸杞泡发 10 分钟；小香菇泡发 30 分钟。

2 锅中注水，大火烧开，倒入备好的鸡块，余去血水后捞出沥干。

3 锅中注入清水，倒入鸡块、鳝鱼肉，泡发好的党参、陈皮、红枣、黄豆、小香菇、隔渣袋，加盖用大火烧开后转小火煮 100 分钟。

4 揭盖，放入枸杞后，加盖用小火续煲煮 10 分钟。

5 然后加入少许盐调味即可。

小贴士

怕腥的人可以在里面放点姜，口感会更棒。

129

首乌黑豆五指毛桃煲鸡

 烹饪时间
182 分钟

 原料

乌鸡块 350 克，核桃仁 30 克，水发黑豆 80 克，五指毛桃 40 克，首乌 15 克，姜片少许

调料

盐 3 克

做法

1 锅中注水烧开，倒入乌鸡块，汆煮片刻。

2 关火后捞出汆煮好的乌鸡块，沥干水分，备用。

3 砂锅中注入适量清水，倒入乌鸡块、五指毛桃、核桃仁、黑豆、首乌、姜片，拌匀。

4 加盖，大火煮开转小火煮 3 小时至熟。

5 揭盖，加入盐，搅拌至入味。

6 关火后将煮好的菜肴盛出，装入碗中即可。

 小贴士

核桃仁的衣膜具有很高的营养价值，所以不宜剥掉。

黑豆莲藕鸡汤

 烹饪时间
42分钟

原料

水发黑豆100克，鸡肉300克，
莲藕180克，姜片少许

调料

盐、鸡粉各少许，料酒5毫升

做法

1 将莲藕切成块，改切成丁；鸡肉切开，再斩成小块。

2 锅中注水烧开，倒入鸡块，煮去血水后捞出，待用。

3 砂锅中注水烧开，放入姜片、鸡块、黑豆。

4 倒入藕丁，淋入少许料酒。

5 盖上盖，煮沸后用小火炖煮约40分钟，至食材熟透。

6 取下盖子，加入盐、鸡粉搅匀调味，续煮至食材入
  味即可。

 小贴士

煮汤前最好将黑豆泡软后再使用，这样可以缩短烹饪的时间。

乌鸡板栗汤

烹饪时间
45 分钟

原料

乌鸡 300 克，板栗 100 克，红枣、枸杞、姜片各少许

调料

料酒、盐、鸡粉、食用油各适量

做法

1 洗净的乌鸡肉切去爪尖后斩块；洗净的板栗对半切开。

2 锅中加水烧开，倒入鸡肉汆煮至断生，捞出沥干。

3 起油锅，倒入姜片，爆香，倒入鸡块、料酒翻炒片刻，倒入清水。

4 加板栗、盐、鸡粉，拌匀，放入红枣。

5 加盖，小火炖 40 分钟至熟烂；揭盖，捞去浮沫，再放入枸杞炖煮片刻即可。

小贴士

炖汤时，水要一次性加足，否则汤味不纯。

枸杞子炖乳鸽

烹饪时间 75分钟

（原料）
乳鸽 1 只，枸杞子 25 克，姜片
适量

（调料）
盐 2 克，料酒 20 毫升

（做法）
1 将乳鸽洗净；生姜去皮，切成片。

2 洗净的乳鸽放入沸水锅焯一下，捞出。

3 将焯煮好的乳鸽放入锅中，添入清水。

4 放入枸杞子，旺火煮开，撇去浮沫。

5 加入料酒、姜片，撒入适量盐。

6 用小火炖煮至熟烂即可。

（小贴士）

枸杞子不宜放太多，否则
煲出来的汤会有酸味。

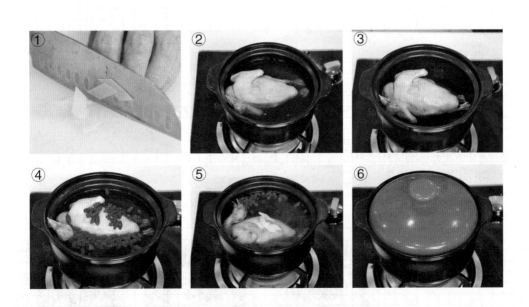

田七黄芪煲鸡汤

烹饪时间
121 分钟

原料

田七黄芪煲鸡汤包(田七、枸杞、麦冬、丹参、黄芪)1/2 包, 土鸡 200 克, 水 1000 毫升

调料

盐适量

小贴士

氽过水的鸡肉可再过一道冷水, 口感会更好。

做法

1 田七、黄芪装入隔渣袋泡发 10 分钟; 丹参、麦冬一起泡发 10 分钟; 枸杞泡发 10 分钟。

2 锅中注水, 大火烧开, 倒入鸡肉块, 氽煮片刻后, 捞出沥干。

3 砂锅注水, 放入土鸡块和泡发好的隔渣袋、丹参和麦冬, 搅拌匀。

4 加盖, 大火烧开转小火煮 100 分钟。

5 揭盖, 倒入枸杞, 加盖再续煮 20 分钟。

6 加入少许盐调味即可。

①

②

③

④

木瓜鲤鱼汤

烹饪时间 35分钟

原料

鲤鱼800克，木瓜200克，红枣8克，香菜少许

调料

盐、鸡粉各1克，食用油适量

做法

1 木瓜削皮，去籽，切条，改切成块；香菜切大段。
2 热锅注油，放入处理干净的鲤鱼。
3 稍煎2分钟至表皮微黄，盛出，装盘待用。
4 砂锅注水，放入煎好的鲤鱼、切好的木瓜、红枣，拌匀。
5 加盖，用大火煮30分钟至汤汁变白；揭盖，倒香菜。
6 加入盐、鸡粉，稍稍搅拌至入味即可。

小贴士

煮制时再放点胡椒粉，味道更佳。

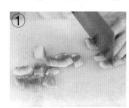

芹菜鲫鱼汤

烹饪时间
73分钟

原料

芹菜60克，鲫鱼160克，砂仁8克，制香附10克，姜片少许

调料

盐1克，鸡粉1克，胡椒粉1克，料酒5毫升，食用油适量

做法

1 洗净的芹菜切段；鲫鱼两面各切上一字花刀。

2 用油起锅，放入鲫鱼，稍煎2分钟至表面微黄。

3 放入姜片，爆香，淋入料酒，注入适量清水。

4 倒入砂仁、制香附，将食材搅匀。

5 加盖，用大火煮开后转小火续煮1小时。

6 倒入芹菜，续煮10分钟至食材熟软。

7 揭盖，加入盐、鸡粉、胡椒粉，拌匀调味即可。

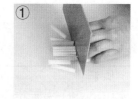

小贴士

煎鱼之前可用姜片来回擦拭锅底，可防止煎鱼时粘锅。

桂圆大枣红豆汤

原料

桂圆干 30 克，大枣 50 克，
水发红豆 150 克

调料

冰糖 20 克

做法

1 砂锅中注入适量清水烧开。

2 放入备好的桂圆干、大枣和红豆，搅拌匀。

3 盖上盖，烧开后转小火煮约 60 分钟至食材熟透。

4 揭盖，放入适量的冰糖拌匀，用中火煮至溶化。

5 关火后盛出煮好的红豆汤，装在碗中即可。

小贴士

红豆一定要充分泡发开，这样它所含的营养物质会更
容易煮出来。

红枣银耳补血养颜汤

烹饪时间 15 分钟

原料

水发银耳 40 克，红枣 25 克，枸杞适量

调料

白糖适量

做法

1 泡发洗净的银耳切去黄色根部，再切成小块。

2 锅中注入适量清水烧开，倒入洗净的红枣、银耳。

3 盖上锅盖，烧开后转小火煮 10 分钟至食材熟软。

4 揭开锅盖，倒入备好的枸杞，搅拌均匀。

5 稍煮片刻后，加入少许白糖，搅拌均匀至溶化。

6 将煮好的甜汤盛出，放凉即可饮用。

银耳的黄色根部要切干净，以免影响口感。

当归首乌红枣汤

烹饪时间
92 分钟

原料

红枣 20 克，当归 15 克，首乌 15 克，去壳熟鸡蛋 2 个

调料

盐、鸡粉各 2 克

做法

1 砂锅中注入适量的清水大火烧开，倒入洗净的红枣、首乌、当归，搅拌匀。

2 盖上锅盖，大火煮开后转小火煮 1 个小时至析出有效成分。

3 掀开锅盖，倒入熟鸡蛋。

4 盖上锅盖，续煮半个小时至熟。

5 掀开锅盖，加入盐、鸡粉。

6 搅拌片刻至入味即可。

当归的味道很浓，如果不喜欢，可以少放点。

益智健脑汤

安神补脑，不仅是有学习考试压力的青少年、用脑过度的上班族，还是有益智健脑、防止退化的老年人来说都有十分迫切的需求，需要多吃补脑的食物，才能提供给日常生活、工作、读书所消耗的脑力。

益智健脑的食物有核桃、蛋类、鱼类、全麦制品和糙米、水果、豆类、蔬菜、牛奶以及乳制品和百合、灵芝等。

五指毛桃栗子排骨汤

烹饪时间：122 分钟

原料

板栗肉 200 克，五指毛桃 35 克，排骨块 350 克，去心莲子 100 克，桂圆肉 50 克，陈皮 1 片，姜片少许

调料

盐 2 克

小贴士

汆煮排骨时，要等水烧开后再放入排骨，这样能锁住排骨的营养。

做法

1 锅中注入适量清水烧开，倒入排骨块，汆煮片刻。

2 关火后捞出汆煮好的排骨块，沥干水分，装盘备用。

3 砂锅中注入适量清水，倒入排骨块、五指毛桃、板栗肉、莲子、桂圆肉、陈皮、姜片，拌匀。

4 加盖，大火煮开转小火煮 2 小时至食材熟透。

5 揭盖，加入盐，稍稍搅拌至入味即可。

核桃花生双豆汤

烹饪时间 182 分钟

原料

排骨块 155 克，核桃 70 克，水发赤小豆 45 克，花生米 55 克，水发眉豆 70 克

调料

盐 2 克

花生米的红衣营养价值很高，可以不用去掉。

做法

1 锅中注入适量清水烧开，放入洗净的排骨块，汆煮片刻。

2 关火后捞出汆煮好的排骨块，沥干水分，装入盘中，待用。

3 砂锅中注入适量清水烧开，倒入排骨块、眉豆、核桃、花生米、赤小豆，拌匀。

4 加盖，大火煮开后转小火煮 3 小时至熟。

5 揭盖，加入盐，稍稍搅拌至入味。

6 关火后盛出煮好的汤，装入碗中即可。

143

核桃花生木瓜排骨汤

🍲 烹饪时间 183 分钟

原料

核桃仁 30 克，花生仁 30 克，红枣 25 克，排骨块 300 克，青木瓜 150 克，姜片少许

调料

盐 2 克

做法

1 洗净的青木瓜切块。

2 锅中注入适量清水烧开，倒入排骨块，汆煮片刻。

3 关火后将汆煮好的排骨块沥干水分，装盘备用。

4 砂锅中注入适量清水，倒入排骨块、青木瓜、姜片、红枣、花生仁、核桃仁，拌匀。

5 加盖，大火煮开转小火煮 3 小时至食材熟透。

6 揭盖，加入盐，搅拌片刻至入味即可。

小贴士

花生仁的红衣营养价值很高，所以不用去掉。

天麻炖猪脑汤

> 原料

天麻炖猪脑汤包（天麻、川芎、枸杞、核桃、莲子、竹荪）1/2 包，猪脑 1 个，水 1000 毫升

> 调料

盐 2 克

⑤

⑥

⑦

⑧

> 做法

1 将莲子倒入清水碗中，泡发 1 小时。

2 将竹荪倒入清水碗中，泡发 30 分钟。

3 把天麻、川芎、核桃倒入清水碗中，泡发 10 分钟。

4 再把枸杞倒入清水碗中，泡发 10 分钟。

5 锅中注水烧开，倒入猪脑，搅匀煮去杂质，捞出备用。

6 锅中注水，倒入猪脑、天麻、川芎、核桃、莲子、竹荪，拌匀。

7 盖盖，煮开转小火煮 100 分钟；加入枸杞，继续小火煮 20 分钟。

8 掀开锅盖，加入适量盐，搅匀调味即可。

> 小贴士

余煮好的猪脑，可以过一道冷水，口感会更好。

鹌鹑蛋鸡肝汤

烹饪时间
4分钟

原料

鸡肝120克，姜丝少许，熟鹌
鹑蛋100克，枸杞叶30克

调料

盐2克，鸡粉2克

做法

1 洗好的鸡肝切片。

2 洗净的枸杞叶取嫩叶，待用。

3 锅中注入适量清水烧开，倒入鸡肝，汆去血水。

4 捞出鸡肝，沥干水分，待用。

5 锅中注入适量清水烧开，放入姜丝、鹌鹑蛋，倒入
  鸡肝、枸杞叶。

6 拌匀，用中火煮约3分钟至熟。

7 加入盐、鸡粉，拌匀，至食材入味。

8 关火后盛出煮好的汤料即可。

小贴士

要将汤中的浮沫撇去，这
样能使汤的口感更佳。

①

②

③

⑤

⑥

⑦

黑豆核桃乌鸡汤

烹饪时间 182 分钟

原料

乌鸡块 350 克，水发黑豆 80 克，水发莲子 30 克，核桃仁 30 克，红枣 25 克，桂圆肉 20 克

调料

盐 2 克

做法

1. 锅中注入适量清水烧开，倒入乌鸡块，汆煮片刻。
2. 关火，捞出汆煮好的乌鸡块，沥干水分，装盘待用。
3. 砂锅中注入适量清水，倒入乌鸡块、黑豆、莲子、核桃仁、红枣、桂圆肉，拌匀。
4. 加盖，大火煮开转小火煮 3 小时至食材熟软。
5. 揭盖，加入盐。
6. 搅拌片刻至入味。
7. 关火，盛出煮好的汤，装入碗中即可。

小贴士

如果喜欢甜食，可以加少量冰糖。

天麻乳鸽汤

原料

乳鸽 1 只，天麻 15 克，黄芪、桂圆、党参、人参、姜片、枸杞、红枣、陈皮各少许，高汤适量

调料

盐、鸡粉、料酒各适量

做法

1 将乳鸽宰杀处理干净，斩块。
2 锅中加清水烧开，放入乳鸽，汆至断生捞出。
3 将乳鸽放入炖盅内，拣入其余的原料。
4 高汤倒入锅中烧开，加盐、鸡粉、料酒调味，舀入炖盅内。
5 盖好炖盅的盖子，放入炖盅。
6 加盖炖 1 小时后取出，装好盘即成。

小贴士

乳鸽煲汤前，放入热水锅中汆去肉中残留的血水，可保证煲出的汤品色正味纯。

桂圆益智鸽肉汤

 烹饪时间 **122 分钟**

原料

桂圆益智鸽肉汤汤料包 1/2 包
（益智仁、桂圆肉、枸杞、陈皮、
莲子），乳鸽 1 只

调料

盐适量

做法

1 益智仁装入隔渣袋，扎紧袋口，放入清水碗中，浸泡 10 分钟。

2 把陈皮、枸杞、桂圆肉分别倒入清水碗中，浸泡 10 分钟。

3 将莲子倒入清水碗中，泡发 1 小时。

4 锅中注水大火烧开，倒入鸽肉，余去血水，捞出，待用。

5 砂锅中注入清水，倒入鸽肉、莲子、隔渣袋、陈皮，拌匀。

6 盖上锅盖，开大火烧开后转小火煮 100 分钟。

7 掀开锅盖，倒入枸杞、桂圆，小火煮 20 分钟。

8 掀开锅盖，放入少许盐，搅匀调味即可。

小贴士

汤盛出的时候可以先将隔渣袋取出，会更方便盛出。

②
③
④
⑤
⑥
⑧

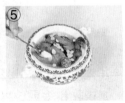

杏仁虫草鹌鹑汤

烹饪时间
62分钟

原料

鹌鹑200克，杏仁8克，蜜枣10克，冬虫夏草3克，高汤适量

调料

盐、鸡粉各2克，料酒5毫升

做法

1 沸水锅中放入处理好的鹌鹑。
2 略煮一会儿，汆去血水。
3 捞出汆煮好的鹌鹑，备用。
4 将汆过水的鹌鹑放入炖盅，倒入备好的蜜枣、杏仁、冬虫夏草。
5 注入适量高汤，加入盐、鸡粉、料酒。
6 将炖盅放入烧开的蒸锅中。
7 盖上盖，用小火炖1小时至食材熟透即可。

小贴士

汆煮鹌鹑时可以加入适量姜片和料酒，这样能有效去除腥味。

核桃花生桂枣煲鱼头

 烹饪时间
183 分钟

原料

鱼头 1 个，花生 50 克，核桃 40 克，红枣 30 克，桂圆肉 20 克，茯苓 30 克，芡实 30 克，姜片、纯牛奶各适量

调料

盐 2 克，料酒、食用油各适量

做法

1 用油起锅，放入鱼头，煎约 2 分钟至两面金黄色。

2 加入姜片、料酒，拌匀。

3 注水，倒入红枣、桂圆肉、茯苓、芡实、核桃、花生，拌匀。

4 加盖，大火煮开转小火煮 3 小时至食材熟透。

5 揭盖，倒入纯牛奶，加盖，煮片刻至熟。

6 揭盖，加入盐，稍稍搅拌至入味即可。

 小贴士

煎鱼头时油温不宜太高，以免煎煳了影响口感。

白萝卜牡蛎汤

烹饪时间
7分钟

原料

白萝卜丝30克，牡蛎肉40克，姜片、葱花各少许

调料

料酒10毫升，盐2克，鸡粉2克，芝麻油、胡椒粉、食用油各适量

牡蛎入锅煮之前，可将其放入淡盐水中浸泡，以使其吐净泥沙。

做法

1 锅中注入适量的清水烧开，倒入白萝卜、姜丝。

2 放入牡蛎肉，搅拌均匀。

3 淋入少许的食用油、料酒，搅匀。

4 盖上锅盖，焖煮5分钟至食材煮透。

5 揭开锅盖，淋入少许芝麻油。

6 加入胡椒粉、鸡粉、盐。

7 搅拌片刻，使食材入味。

8 将煮好的汤水盛出，装入碗中，撒上葱花即可。

海带黄豆鱼头汤

烹饪时间
37分钟

〔原料〕

鲢鱼头200克，海带70克，水发黄豆100克，姜片、葱花各少许

〔调料〕

盐2克，鸡粉2克，料酒5毫升，胡椒粉、食用油各适量

〔做法〕

1 将洗净的海带切成条，改切成小块。

2 用油起锅，放入姜片、鲢鱼头，煎出焦香味。

3 翻面，煎至鱼头呈焦黄色，盛出，装盘待用。

4 砂锅中注入适量清水烧开，放入黄豆、海带，淋入适量料酒。

5 盖上盖，用大火烧开，转小火炖20分钟，放入煎好的鱼头。

6 盖上盖，用小火煮15分钟，至食材熟烂，加盐、鸡粉、胡椒粉。

7 用勺搅匀调味，取下砂锅，放入葱花即可。

〔小贴士〕

将鲢鱼头用小火煎至焦黄色，这样煮出来的汤不仅好看，味道也更香醇。

家常鱼头豆腐汤

烹饪时间 80分钟

原料

鱼头250克，葱段、姜片各少许，冬笋20克，香菇10克，豆腐块300克

调料

盐、白糖各2克，胡椒粉、食用油各适量

做法

1 锅中注入适量清水烧开，倒入备好的豆腐块、冬笋、香菇，煮5分钟，捞出备用。

2 锅内注油烧热，放入姜片爆香，放入鱼头，煎至鱼头两面呈金黄色。

3 往锅内倒入热水，煮沸。

4 将锅内的鱼头汤倒入砂锅中，盖上盖，大火煮沸后转小火煮25分钟。

5 揭开锅盖，倒入焯过水的豆腐、冬笋、香菇。

6 放入盐、白糖、胡椒粉，搅拌均匀至食材入味。

7 煮沸后加入葱段，盛入碗中即可。

小贴士

鱼头烹饪前用盐腌渍一会儿，煮汤时鲜味会更浓。

平菇鱼丸汤

烹饪时间
7分钟

原料

平菇95克，鱼丸55克，上海青70克，葱花、姜片各少许

调料

盐、鸡粉、胡椒粉各2克，芝麻油5毫升

做法

1 鱼丸对半切开，切上十字花刀；洗净的平菇撕成小块；洗净的上海青切段。

2 沸水锅中倒入平菇，焯煮片刻至断生后捞出，待用。

3 砂锅注水烧开，倒入鱼丸、姜片，拌匀。

4 加盖，用大火煮5分钟，至食材熟软。

5 揭盖，放入平菇、上海青，拌匀。

6 加入盐、鸡粉、胡椒粉，淋上芝麻油拌匀入味。

7 关火后将煮好的汤水盛入碗中，再撒上葱花即可。

买回的上海青若不立即烹煮，可用报纸包起来放入塑料袋中，在冰箱中保存。

麻叶生滚鱼腩汤

🍲 烹饪时间
6分钟

原料

麻叶 40 克，鱼腩 150 克，姜片少许

调料

盐 2 克，鸡粉少许，料酒 4 毫升，花椒油适量

做法

1 将洗净的鱼腩切开，再切条形。

2 锅中注入适量清水烧热，撒上备好的姜片。

3 倒入切好的鱼腩，淋入少许料酒。

4 用大火煮约 3 分钟，至鱼腩断生，掠去浮沫。

5 放入洗净的麻叶，拌匀，用中火略煮。

6 加入少许盐、鸡粉，淋入少许花椒油。

7 拌匀，改大火煮一小会儿，至食材熟透。

8 关火后盛出煮好的鱼腩汤，装在碗中即成。

小贴士

食用时可撒上少许胡椒粉，这样汤汁味道更鲜。

养心润肺汤

中医有句话叫"肺为娇脏"，"温邪上受，首先犯肺"，也就是说肺是最容易受到外来有害物质侵害的脏器。霾、干燥、灰尘，以及抽烟和难以避免的二手烟，对我们的肺部都有不好的影响。

要想促进肺功能，最根本的是全面增强体质、坚持锻炼身体以及注意营养均衡的摄入膳食。秋季天气干燥，最适宜多喝润肺汤，减少呼吸系统疾病的发生。

白芍甘草瘦肉汤

烹饪时间：31分钟

原料

瘦肉300克，白芍、甘草各10克，姜片、葱花各少许

调料

料酒8毫升，盐2克，鸡粉2克

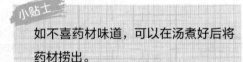

小贴士

如不喜药材味道，可以在汤煮好后将药材捞出。

做法

1 处理干净的瘦肉切条，改切成丁。

2 砂锅注入适量清水烧开，放入白芍、甘草和姜片。

3 倒入瘦肉丁，搅散开。

4 淋入适量料酒，拌匀。

5 盖上盖，烧开后小火炖30分钟至药材的药性释放。

6 揭开盖子，放入盐、鸡粉。

7 用锅勺拌匀调味。

8 关火，将煮好的汤料盛入汤碗中，撒上葱花即成。

雪梨川贝无花果瘦肉汤

烹饪时间
120分钟

原料

雪梨 120 克，无花果 20 克，杏仁、川贝各 10 克，陈皮 7 克，瘦肉块 350 克，高汤适量

调料

盐 3 克

做法

1 洗净的雪梨切开，去核，再切成块；陈皮刮去白色部分。

2 锅中注水烧开，倒入瘦肉，搅拌，煮约 2 分钟，氽去血水。

3 捞出瘦肉，将瘦肉过一下冷水，装盘备用。

4 砂锅中注入高汤烧开，倒入氽煮好的瘦肉。

5 倒入无花果、杏仁、川贝、陈皮，搅拌均匀。

6 盖上盖，以大火煮约 15 分钟，转至小火慢炖 1 ~ 2 小时至食材熟透。

7 揭开盖，加入少许盐，搅拌均匀至食材入味。

8 盛出炖好的汤料，装入碗中即可。

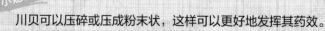

小贴士

川贝可以压碎或压成粉末状，这样可以更好地发挥其药效。

玉竹冬瓜瘦肉汤

烹饪时间
7分钟

原料

猪瘦肉270克，玉竹15克，姜片少许，冬瓜300克

调料

盐、鸡粉各2克，水淀粉4毫升，食用油适量

猪瘦肉可先氽煮一下再煮汤，口感会更佳。

做法

1 洗净去皮的冬瓜切薄片；洗好的猪瘦肉切片。

2 把肉片装入碗中，加入盐、鸡粉、水淀粉，拌匀，注入少许食用油，拌匀，腌渍约10分钟，备用。

3 锅中注清水烧开，倒入备好的玉竹、姜片，放入冬瓜，淋入少许食用油。

4 盖上盖，用中火煮约5分钟，放入肉片，拌匀，煮至变色。

5 加入盐、鸡粉，拌匀，续煮片刻至食材入味即可。

玉竹杏仁猪骨汤

烹饪时间
122 分钟

原料

玉竹杏仁猪骨汤汤料包 1/2 包
（玉竹、北沙参、杏仁、白芍），
猪骨块 200 克

调料

盐 2 克

余好水的猪骨可以在凉水中
浸泡片刻，口感会更好。

做法

1 将白芍装入隔渣袋里，系好袋口，装入碗中；再放
  入玉竹、北沙参、杏仁，倒入清水泡发 10 分钟。

2 将泡好的食材取出，沥干水分，装入盘中备用。

3 锅中注水烧开，放入猪骨块，余煮片刻，关火后捞出，
  待用。

4 砂锅中注水，倒入猪骨块、玉竹、北沙参、杏仁、白芍，
  拌匀。

5 加盖，大火煮开转小火煮 120 分钟至有效成分析出。

6 揭盖，加入盐，稍稍搅拌至入味即可。

虫草山药排骨汤

🍲 烹饪时间 41分钟

原料

排骨400克，虫草3根，红枣20克，枸杞8克，姜片15克，山药200克

调料

盐、鸡粉各2克，料酒16毫升

做法

1. 洗净去皮的山药切块，改切成丁。
2. 锅中注水烧开，倒入排骨，加入料酒，煮沸，汆去血水，捞出待用。
3. 砂锅中注水烧开，放入红枣、枸杞、虫草，撒入姜片。
4. 放入排骨、山药丁，盖盖，煮至沸后淋入少许料酒。
5. 盖上盖，用小火煮40分钟，至食材熟透。
6. 揭盖，放入少许盐、鸡粉，拌匀调味即可。

小贴士

山药丁可以切得大一些，以免煮烂。

太子参桂圆猪心汤

🍲 烹饪时间
32分钟

原料

猪心300克，桂圆肉35克，红枣25克，太子参12克，姜片少许

调料

盐、鸡粉少许，料酒6毫升

小贴士

猪心片先用白醋腌渍片刻，汆煮时会更容易去除血渍。

做法

1 将洗净的猪心切片。
2 锅中注水烧热，倒入猪心片，大火煮约半分钟，去除血渍。
3 捞出汆煮好的猪心，沥干水分，待用。
4 砂锅中注水烧开，倒入桂圆肉、太子参、红枣。
5 撒上姜片，倒入猪心片，淋入适量料酒，拌匀提味。
6 盖上盖，煮沸后用小火煮约30分钟，至食材熟透。
7 揭盖，加入少许盐、鸡粉，拌匀调味。
8 再转中火略煮片刻，至汤汁入味即成。

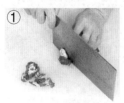 ①  ②  ④  ⑤

双仁菠菜猪肝汤

烹饪时间 18分钟

原料

猪肝200克，柏子仁10克，酸枣仁10克，菠菜100克，姜丝少许

调料

盐2克，鸡粉2克，食用油适量

做法

1 把柏子仁、酸枣仁装入隔渣袋中，收紧口袋，备用。

2 洗净的菠菜切成段；洗净的猪肝切成片，备用。

3 砂锅中注水烧热，放入备好的隔渣袋。

4 盖上盖，用小火煮15分钟，至药材析出有效成分。

5 揭开盖，取出隔渣袋，放入姜丝，淋入食用油，倒入猪肝片，搅拌匀。

6 放入菠菜段，搅拌片刻，煮至沸。

7 放入少许盐、鸡粉，搅拌片刻，至汤汁味道均匀即可。

小贴士

酸枣仁味道较重，可以先在温水里泡一会儿，会使汤的味道更好。

人参玉竹莲子鸡汤

烹饪时间
42 分钟

原料

人参4克，玉竹6克，水发莲子60克，鸡块350克，姜片少许

调料

料酒16毫升，盐、鸡粉各2克

做法

1 锅中注入适量清水烧开，倒入鸡块，搅散开。

2 淋入适量料酒，煮沸，氽去血水，捞出，待用。

3 砂锅注水烧开，倒入莲子、人参和玉竹。

4 加入鸡块，淋入适量料酒，搅拌匀。

5 盖上盖，小火炖40分钟至熟。

6 揭开盖子，放入鸡粉、盐，拌匀调味即可。

小贴士

起锅前，可以用勺子撇清汤表面的悬浮物，这样炖的汤又干净，滋味又好。

③

④

⑤

⑦

雪梨无花果鹧鸪汤

 烹饪时间
57 分钟

原料

雪梨 1 个，鹧鸪 200 克，无花果 20 克，姜片少许

调料

盐、鸡粉各 2 克，料酒 4 毫升

 小贴士

洗净的无花果拍裂后再使用，这样可以使煮出的汤汁更有营养。

做法

1 去皮的雪梨切开，去除果核，将果肉切成小块。

2 处理干净的鹧鸪切成小块。

3 锅中注水烧开，倒入鹧鸪块，余煮去除血渍后捞出，待用。

4 砂锅中注水烧开，放入无花果、姜片、鹧鸪块，淋入料酒。

5 盖盖，烧开后用小火炖煮约 40 分钟至食材熟软。

6 揭开盖，倒入雪梨块，再盖盖，续煮约 15 分钟，至全部食材熟透。

7 取下盖子，加入盐、鸡粉搅匀调味，略煮片刻即成。

海底椰川贝鹌鹑汤

烹饪时间
61分钟

原料

海底椰 10 克，川贝 15
克，枸杞 8 克，姜片 20 克，
鹌鹑 1 只

调料

盐 2 克，鸡粉 2 克，料
酒 10 毫升

做法

1. 锅中注入适量清水烧开，放入处理好的鹌鹑，煮至沸，氽去血水。

2. 捞出氽煮好的鹌鹑，沥干水分，备用。

3. 砂锅中注入适量清水烧开，倒入备好的海底椰、川贝、枸杞，撒入姜片。

4. 放入氽过水的鹌鹑，淋入适量料酒。

5. 盖上盖，烧开后用小火炖 1 小时，至食材熟透。

6. 揭开盖子，放入少许盐、鸡粉，拌匀调味。

7. 关火后盛出煮好的汤料，装入碗中即可。

炖煮此汤时放入少量醋，不仅有利于鹌鹑熟烂，还有助于提鲜。

燕窝莲子羹

 烹饪时间 37 分钟

原料

莲子 30 克，燕窝 15 克，
银耳 40 克

调料

冰糖 20 克，水淀粉适量

做法

1 洗净的银耳切除黄色部分，再切成小块，装盘备用。

2 锅中注入适量清水烧开，放入备好的莲子、银耳。

3 盖上盖，用小火煮约 20 分钟至食材熟软。

4 揭开盖，放入泡发处理好的燕窝。

5 盖上盖，煮约 15 分钟至食材融合在一起。

6 揭开盖，一边搅拌一边加入适量水淀粉，煮至黏稠。

7 放入备好的冰糖，搅拌均匀至其溶化。

8 关火后盛出煮好的甜汤，装入碗中即可。

 小贴士

烹饪莲子前，可将莲子心去除，以免有苦味。

杏仁银耳润肺汤

烹饪时间
20分钟

原料

银耳 70 克，杏仁 5 克，麦冬 3 克

调料

冰糖 25 克

做法

1 将泡发洗净的银耳切去根部，切成小块，备用。

2 锅中倒入清水，将麦冬、杏仁一起倒入锅中。

3 盖上锅盖，用大火将水烧开。

4 揭盖，将切好的银耳倒入锅中，盖盖，转成小火煮约 15 分钟，至银耳晶莹透亮

5 揭盖，加入冰糖，搅拌匀，煮约 2 分钟至冰糖完全溶化。

6 揭盖，用锅勺再搅拌一会儿至银耳入味即可。

小贴士

银耳最好用温开水泡发，泡发后应去掉未发开的部分，特别是根部呈淡黄色的部分。

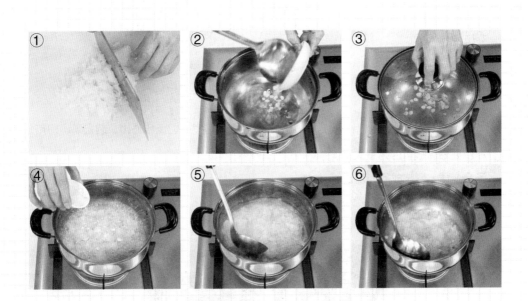

冬瓜银耳莲子汤

🥣 烹饪时间
40分钟

原料

冬瓜 300 克，水发银耳 100 克，
水发莲子 90 克

调料

冰糖 30 克

做法

1 冬瓜去皮，切块，改切成丁；银耳切小块，备用。

2 砂锅中注水烧开，倒入莲子、银耳。

3 盖上盖，用小火煮 20 分钟，至食材熟软。

4 揭开盖，倒入冬瓜丁，拌匀。

5 再盖上盖，用小火再煮 15 分钟，至冬瓜熟软。

6 揭开盖，放入冰糖，搅拌匀。

7 盖上盖，用小火续煮 5 分钟，至冰糖溶化。

8 关火后揭开盖，将煮好的汤料盛出，装入汤碗即可。

小贴士

冰糖要最后放，否则煮久了
汤会变黄，影响成品外观。

①  ③  ④  ⑧

川贝枇杷汤

原料

枇杷 40 克，雪梨 20 克，川贝 10 克

调料

白糖适量

做法

1 洗净去皮的雪梨去核，切成小块，备用。
2 洗净的枇杷去蒂，切开，去核，再切成小块。
3 锅中注入适量清水烧开，将枇杷、雪梨和川贝倒入锅中。
4 搅拌片刻，盖上锅盖，用小火煮 20 分钟至食材熟透。
5 揭开锅盖，倒入少许白糖，搅拌均匀。
6 将煮好的糖水盛出，装入碗中即可。

小贴士

枇杷皮有点涩口，也可以将它去除后再烹制。

红豆红薯汤

 烹饪时间 60分钟

原料

水发红豆20克，红薯200克

调料

白糖4克

做法

1 将去皮的红薯切成薄片，切成条，改切成丁。

2 砂锅中注水烧开，倒入红豆，拌匀。

3 盖上锅盖，煮开后调至中小火，煮40分钟至食材熟软。

4 揭开锅盖，倒入红薯，拌匀。

5 盖上锅盖，调至小火，煮15分钟至红薯熟透。

6 揭开锅盖，加入适量白糖，搅拌均匀，煮至完全溶化即可。

小贴士

红薯本身有甜味，因此白糖可以少放一些。

鸡骨草罗汉果马蹄汤

 烹饪时间
182 分钟

原料

鸡骨草 30 克，去皮马蹄 100 克，罗汉果 20 克，瘦肉 150 克，水发赤小豆 140 克，雪梨 150 克，姜片少许

调料

盐 2 克

小贴士

鸡骨草有点苦涩味，可以放点红枣以改善口感。

做法

1 洗净的瘦肉切块；雪梨去内籽，切块。

2 锅中注入适量清水烧开，倒入瘦肉，汆煮片刻。

3 关火，捞出汆煮好的瘦肉，沥干水分，装盘待用。

4 砂锅中注入适量清水，倒入瘦肉、雪梨、马蹄、罗汉果、姜片、赤小豆、鸡骨草，拌匀。

5 加盖，大火煮开转小火煮 3 小时至有效成分析出。

6 揭盖，加入盐稍稍搅拌至入味即可。

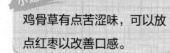

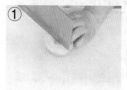

罗汉果炖雪梨

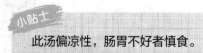 烹饪时间
65分钟

原料

雪梨1个，罗汉果1/5个

做法

1 雪梨洗净去核，切成小块，放入碗中。

2 罗汉果切成小块，加入雪梨，注入适量清水。

3 蒸锅中注入适量清水烧开，将碗放入蒸锅。

4 蒸1小时后，取出，放凉即可食用。

小贴士

此汤偏凉性，肠胃不好者慎食。

苹果雪梨银耳甜汤

 烹饪时间 11分钟

原料

苹果 110 克，雪梨 70 克，水发银耳 65 克

调料

冰糖 20 克

做法

1 洗净去皮的苹果切开，去核，再切小块。

2 洗好去皮的雪梨切开，去核，改切成小块。

3 洗净的银耳去除根部，再切小朵，备用。

4 砂锅中注入适量清水烧开，倒入银耳。

5 放入雪梨、苹果，拌匀。

6 盖上盖，烧开后用小火煮约 10 分钟。

7 揭开盖，倒入冰糖。

8 拌匀，煮至冰糖溶化即可。

小贴士

切好的苹果应立即使用，以免氧化变黑。

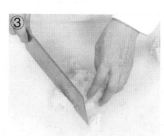

苹果杏仁煲无花果

烹饪时间 30分钟

原料

苹果1个，无花果6颗，北杏仁15克，蜜枣1颗

调料

盐适量

做法

1 苹果去皮、去籽，切成小块。
2 无花果、北杏仁洗净，与苹果一起放入锅中。
3 锅中注入6碗水，煲20分钟。
4 待煲出香味，放入蜜枣，续煲10分钟；关火前放入盐调味即可。

 小贴士

苹果要去皮去心，否则煲出来的汤会酸而不清甜。

清热祛湿汤

"湿为阴邪，热为阳邪，其性相反。两邪相合如油入糆，熏蒸不化，胶着难解，病程缠绵。"广东由于地理位置的原因，天气常常是炎热潮湿的情况，容易导致上火或湿气，外在表现为长痘痘、长口疮、咽喉肿痛、身上出黏汗、口气重，老年人则多表现为身体困重、活动不利、腹部胀满、胃口差、失眠多梦、视物不清、便秘等。聪明的广东人会利用有食疗功效的汤品来祛湿排毒、清热解毒。

冬瓜薏米瘦肉汤

 烹饪时间：42 分钟

原料

冬瓜 300 克，瘦肉 200 克，水发薏米 50 克，姜片少许

调料

盐 3 克，鸡粉 2 克，胡椒粉少许

小贴士

冬瓜不可过早地放入锅中煲煮，以免煮得过于熟软，缺少脆嫩的口感。

做法

1 洗净的瘦肉切小块；去皮洗净的冬瓜切开，去除瓜瓤，切成大块。

2 砂煲中倒入适量清水，大火烧开，下入洗净的薏米，撒上姜片，再倒入瘦肉块。

3 盖上盖，用中小火煮约 20 分钟至薏米破裂开，揭盖，倒入冬瓜块。

4 再盖上盖，用中火续煮约 20 分钟至食材熟软。

5 揭盖，转小火，调入盐、鸡粉、胡椒粉，用锅勺拌匀调味。

6 将煮好的汤料盛在，装入碗中即成。

北沙参清热润肺汤

原料

北沙参清热润肺汤（北沙参、麦冬、玉竹、白扁豆、龙牙百合）1 包，瘦肉 200 克，水 800～1000 毫升

调料

盐 2 克

做法

1 将北沙参、麦冬、玉竹和白扁豆、龙牙百合分别置于清水中清洗干净。

2 再分别用清水泡发，待用。

3 锅中注水烧开，放入瘦肉块。

4 汆去血渍后捞出，待用。

5 砂锅中注水，倒入瘦肉块、北沙参、麦冬、玉竹和白扁豆。

6 盖上盖，大火烧开后转小火煲煮约 100 分钟，至食材熟软。

7 揭盖，倒入龙牙百合，再盖盖，用小火续煮约 20 分钟至食材熟透。

8 揭盖，放入少许盐调味，略煮一小会儿即可。

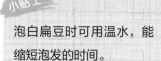

小贴士

泡白扁豆时可用温水，能缩短泡发的时间。

虾米冬瓜花菇瘦肉汤

烹饪时间 122 分钟

原料

冬瓜 300 克，水发花菇 120 克，瘦肉 200 克，虾米 50 克，姜片少许

调料

盐 1 克

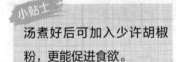

汤煮好后可加入少许胡椒粉，更能促进食欲。

做法

1 冬瓜切块；瘦肉切大块；花菇去柄。

2 沸水锅中倒入瘦肉，余煮一会儿，去除血水，捞出待用。

3 再往锅中倒入花菇，余煮一会儿至断生，捞出，待用。

4 砂锅注水，倒入余好的瘦肉、花菇。

5 加入冬瓜块、虾米、姜片，拌匀。

6 加盖，用大火煮开后转小火续煮 2 小时至入味。

7 揭盖，加入盐，拌匀调味即可。

瘦肉莲子汤

烹饪时间
32 分钟

原料

猪瘦肉 200 克，莲子 40 克，
胡萝卜 50 克，党参 15 克

调料

盐 2 克，鸡粉 2 克，胡椒粉
少许

做法

1 胡萝卜切成小块；猪瘦肉切片，备用。

2 砂锅中注清水，加入莲子、党参、胡萝卜。

3 放入瘦肉，拌匀。

4 盖上盖，用小火煮 30 分钟。

5 揭开盖，放入少许盐、鸡粉、胡椒粉。

6 搅拌拌匀，至食材入味即可。

小贴士

可将莲子心去除，以免有
苦味。

① 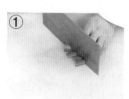 ②  ③  ④

猪大骨海带汤

原料

猪大骨1000克, 海带结120克, 姜片少许

调料

盐2克, 鸡粉2克, 白胡椒粉2克

做法

1 锅中注水大火烧开, 倒入猪大骨, 搅匀, 捞出, 待用。

2 摆上电火锅, 倒入猪大骨、海带结、姜片, 注水, 搅匀。

3 盖上锅盖, 调旋钮至高档。

4 掀开锅盖, 加入盐、鸡粉、白胡椒粉。

5 搅拌片刻, 煮至食材入味。

6 切断电源后将汤盛出装入碗中即可。

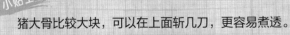

小贴士

猪大骨比较大块, 可以在上面斩几刀, 更容易煮透。

凉瓜赤小豆排骨汤

烹饪时间
120 分钟

原料

赤小豆 30 克，苦瓜块 70 克，
猪骨 100 克，高汤适量

调料

盐 2 克

可将红豆在温水中浸泡
3 ~ 4 小时再煮，会更易
煮熟。

做法

1 锅中注入适量清水烧开，倒入洗净的猪骨，搅散，
汆煮片刻。

2 捞出汆煮好的猪骨，沥干水分。

3 将猪骨过一次冷水，备用。

4 砂锅中到适量高汤，加入汆过水的猪骨。

5 再倒入备好的苦瓜、红豆，搅拌片刻。

6 盖上锅盖，用大火煮 15 分钟后转中火煮 1 ~ 2 小
时至食材熟软。

7 揭开锅盖，加入少许盐调味，搅拌至食材入味。

8 盛出煮好的汤料，装入碗中，待稍微放凉即可食用。

冬瓜荷叶薏米猪腰汤

原料

冬瓜 300 克，猪腰 300 克，水发香菇 40 克，水发薏米 75 克，荷叶 9 克，姜片 25 克

调料

盐 2 克，鸡粉 2 克，料酒 10 毫升

小贴士

可以在冬瓜块上切上花刀，这样冬瓜更易入味。

做法

1. 香菇切成小块；冬瓜去瓤，切成小块。
2. 猪腰对半切开，切掉筋膜，改切成片。
3. 锅中注水烧开，倒入猪腰，搅拌均匀，汆去血水，捞出待用。
4. 砂锅中注水烧开，放入荷叶、薏米、姜片。
5. 倒入香菇、猪腰、冬瓜块，淋入适量料酒。
6. 盖上盖，烧开后用小火煮 30 分钟。
7. 揭盖，加入少许盐、鸡粉搅拌匀，略煮片刻，至食材入味即可。

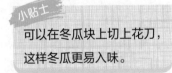

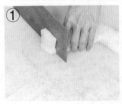

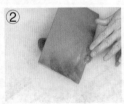

金银花茅根猪蹄汤

原料

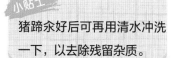

猪蹄块 350 克，黄瓜 200 克，金银花、白芷、桔梗、白茅根各少许

调料

盐 2 克，鸡粉 2 克，白醋 4 毫升，料酒 5 毫升

小贴士

猪蹄汆好后可再用清水冲洗一下，以去除残留杂质。

做法

1 黄瓜切段，再切开，去瓤，改切成小段。
2 锅中注水烧开，倒入猪蹄块拌匀，汆去血水。
3 淋入少许白醋、料酒略煮，捞出，待用。
4 砂锅中注水烧热，倒入金银花、白芷、桔梗、白茅根。
5 盖上盖，用大火煮至沸后揭开盖，倒入猪蹄。
6 再盖上盖，烧开后用小火煲约 90 分钟。
7 揭开盖，放入黄瓜，加入盐、鸡粉，拌匀调味。
8 盖上盖，用小火续煮约 10 分钟即可。

土茯苓绿豆老鸭汤

烹饪时间
190分钟

原料

绿豆250克，土茯苓20克，鸭肉块300克，陈皮1片，高汤适量

调料

盐2克

做法

1 锅中注入适量清水烧开，放入洗净的鸭肉，煮2分钟，汆去血水，捞出鸭肉后过冷水，盛入盘中备用。

2 另起锅，注入适量高汤烧开，加入鸭肉、绿豆、土茯苓、陈皮，拌匀。

3 盖上锅盖，炖3小时至食材熟透。

4 揭开锅盖，加入适量盐进行调味，搅拌均匀，至食材入味。

5 将煮好的汤料盛出即可。

小贴士

若使用老鸭肉，可先将其用凉水和少许醋浸泡半小时，再用小火慢炖，可使鸭肉香嫩可口。

双菇蛤蜊汤

烹饪时间
4分钟

原料

蛤蜊 150 克，白玉菇段、香菇块各 100 克，姜片、葱花少许

调料

鸡粉、盐、胡椒粉各 2 克

做法

1 锅中注入适量清水烧开，倒入洗净切好的白玉菇、香菇。

2 再倒入备好的蛤蜊、姜片，搅拌均匀。

3 盖上盖，煮约 2 分钟。

4 揭开盖，放入鸡粉、盐、胡椒粉。

5 拌匀调味。

6 盛出煮好的汤料，装入碗中，撒上葱花即可。

小贴士

白玉菇味道比较鲜美，可少加或不加鸡粉，以免抢了其鲜味。

苦瓜花甲汤

🍲 烹饪时间
7分钟

原料

花甲 250 克，苦瓜片 300 克，姜片、葱段各少许

调料

盐、鸡粉、胡椒粉各 2 克，食用油少许

做法

1 锅中注入适量食用油，放入姜片、葱段，爆香。

2 倒入洗净的花甲，翻炒均匀。

3 向锅中加水，搅拌匀，煮约 2 分钟至沸腾。

4 倒入洗净切好的苦瓜，煮约 3 分钟。

5 加入鸡粉、盐、胡椒粉拌匀调味。

6 盛出煮好的汤料，装入碗中即可。

小贴士

苦瓜切好后可以在淡盐水中浸泡一会儿，能很好地减轻其苦味。

冬瓜竹荪干贝汤

 烹饪时间
15 分钟

原料

冬瓜片 300 克，竹荪 100 克，干贝 20 克，姜片、葱花各少许

调料

鸡粉、盐各 2 克，食用油适量

做法

1 锅中注入适量食用油，放入姜片、干贝，爆香，炒至金黄色。
2 倒入洗净切好的冬瓜片，翻炒均匀。
3 锅中加入适量清水，盖上盖，煮至沸腾。
4 揭开盖，倒入洗净切好的竹荪，搅拌匀。
5 再盖上盖，续煮约 10 分钟至食材熟透。
6 揭开盖，加入鸡粉、盐搅拌均匀即可。

小贴士

冬瓜表皮的毛刺可用流水清洗干净，可以避免在去皮时刺疼手。

丝瓜虾皮汤

 烹饪时间
5分钟

原料

去皮丝瓜180克，虾皮
40克

调料

盐2克，芝麻油5毫升，
食用油适量

做法

1 洗净去皮的丝瓜切段，改切成片，待用。

2 用油起锅，倒入丝瓜，炒匀。

3 注入适量清水，煮约2分钟至沸腾。

4 放入虾皮，加入盐。

5 稍煮片刻至入味。

6 关火后盛出煮好的汤，装入碗中，淋上芝麻油即可。

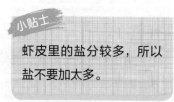

小贴士

虾皮里的盐分较多，所以
盐不要加太多。

薏米绿豆汤

 烹饪时间
41 分钟

原料

水发薏米 90 克，水发绿
豆 150 克

调料

冰糖 30 克

做法

1 砂锅中注入适量清水烧开，倒入洗净的绿豆、薏米。

2 盖上盖，烧开后用小火煮 40 分钟，至食材熟透。

3 揭开盖，加入适量冰糖，煮至溶化。

4 继续搅拌一会儿，使汤味道均匀。

5 关火后盛出煮好的甜汤，装入汤碗中即可。

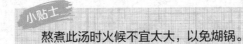

小贴士

熬煮此汤时火候不宜太大，以免煳锅。

199

白菜冬瓜汤

烹饪时间
7分钟

原料

大白菜 180 克，冬瓜 200 克，枸杞 8 克，姜片、葱花各少许

调料

盐、鸡粉各 2 克，食用油适量

做法

1 洗净去皮的冬瓜切片；洗好的大白菜切小块。

2 用油起锅，放入姜片，爆香。

3 倒入冬瓜片翻炒，放切好的大白菜，炒匀。

4 倒入适量清水，放入洗净的枸杞。

5 盖上盖，烧开后用小火煮 5 分钟，至食材熟透。

6 揭盖，加入盐、鸡粉，用锅勺搅匀调味。

7 将煮好的汤料盛出，装入碗中，撒上葱花即成。

小贴士

大白菜的菜叶容易熟，可先放入菜梗煮片刻，再放入菜叶，这样菜叶才不至于煮老。

薏米炖冬瓜

烹饪时间
31 分钟

原料

冬瓜 230 克，薏米 60 克，姜片、葱段各少许

调料

盐 2 克，鸡粉 2 克

做法

1 洗好的冬瓜去瓤，再切小块，备用。

2 砂锅中注入适量清水烧热。

3 倒入备好的冬瓜、薏米，撒上姜片、葱段。

4 盖上盖，烧开后用小火煮约 30 分钟至熟。

5 揭盖，加入少许盐、鸡粉，拌匀调味。

6 关火后盛出煮好的菜肴即可。

小贴士

薏米可用水泡发后再煮，这样能节省烹饪时间。

苦瓜菊花汤

烹饪时间
3分钟

原料

苦瓜 500 克，菊花 2 克

做法

1 洗净的苦瓜对半切开刮去瓤籽，斜刀切块。
2 砂锅中注入适量的清水大火烧开。
3 倒入苦瓜，搅拌片刻，再倒入菊花。
4 搅拌片刻，煮开后略煮一会儿至食材熟透。
5 关火，将煮好的汤盛出装入碗中即可。

小贴士

苦瓜的瓜瓤一定要刮干净，
不然味道会太苦。

眼睛干涩疲劳是电脑一族们的通病，如果忽略了对眼部的护理，久而久之，眼疾的风险大增。中医认为肝血不足，易使两目干涩、视物昏花。因此，明目重在养肝，想要眼睛明亮、不干涩，养肝明目汤要常喝！

杜仲枸杞骨头汤

 烹饪时间：121 分钟

原料

杜仲枸杞骨头汤汤料包（杜仲、枸杞、核桃仁、黑豆、红枣）1/2 包，筒骨 200 克，水 800~1000 毫升

调料

盐适量

小贴士

黑豆也可以用温水泡发，能节约泡发时间。

做法

1 将黑豆放入清水碗中，泡发 1 小时；枸杞泡发 10 分钟；杜仲、红枣泡发 10 分钟。

2 砂锅中注水大火烧开，倒入筒骨，搅匀汆煮片刻。

3 将筒骨捞出，沥干水分，待用。

4 砂锅中注水，倒入筒骨、红枣、杜仲、黑豆、核桃，搅拌匀。

5 盖上锅盖，大火烧开转小火煮 100 分钟。

6 掀盖，倒入枸杞，小火续煮 20 分钟。

7 掀开锅盖，加入适量盐，搅匀调味。

8 将煮好的汤盛出装入碗中即可。

枸杞叶决明子肉片汤

烹饪时间
7分钟

原料

枸杞叶50克，猪瘦肉100克，决明子10克，枸杞8克，姜片少许

调料

盐3克，鸡粉3克，水淀粉3毫升，食用油适量

决明子入锅前用清水浸泡一会儿，能更好地激发药性。

做法

1 洗净的猪瘦肉切片，装入碗中。

2 放入盐、鸡粉、水淀粉、食用油，拌匀，腌渍10分钟。

3 砂锅中注入适量清水烧开，倒入姜片、决明子，拌匀。

4 盖上盖，烧开后用小火煮5分钟。

5 揭开盖，倒入瘦肉片，快速搅匀。

6 放入枸杞叶，略煮片刻。

7 倒入备好的枸杞，搅动一会儿，使食材药性均匀。

8 关火后将煮好的汤料盛出，装入碗中即可。

苦瓜干贝煲龙骨

烹饪时间
122 分钟

原料

苦瓜 70 克，水发干贝 8 克，龙骨段 400 克，姜片少许

调料

盐、鸡粉各 2 克，料酒适量

做法

1 锅中注入适量清水烧开，倒入龙骨段，加入料酒，拌匀，略煮一会儿。

2 将氽煮好的龙骨捞出，装入盘中，备用。

3 取一个炖盅，放入龙骨、苦瓜、姜片、干贝。

4 倒入适量清水、料酒。

5 盖上盖，备用。

6 蒸锅中注入适量清水烧开，放入炖盅。

7 盖上盖，用大火炖 2 小时至食材熟透。

8 关火后揭盖，放入少许盐、鸡粉，拌匀即可。

小贴士

苦瓜可先焯一下水再炖，这样能减轻其苦味。

枸杞猪心汤

 烹饪时间
122分钟

原料

猪心150克，枸杞10克，姜片少许，高汤适量

调料

盐2克

做法

1. 锅中注水烧开，放入洗净切好的猪心，煮约3分钟，氽去血水。
2. 捞出猪心，过冷水，装盘待用。
3. 砂锅中注入高汤烧开，加少许盐调味。
4. 放入姜片和猪心，拌匀，盖上盖，大火煮滚。
5. 揭盖，放入洗好的枸杞，搅拌均匀。
6. 盖上锅盖，用小火煮约2小时至食材熟透。
7. 打开锅盖，用勺搅拌片刻。
8. 关火后盛出煮好的汤料，装入碗中即可。

 小贴士

猪心氽水时，要将汤中浮沫撇去，这样煮出的汤才不会有腥味。

猪肝豆腐汤

烹饪时间 7分钟

原料

猪肝 100 克，豆腐 150 克，葱花、姜片各少许，生粉 3 克

调料

盐 2 克

做法

1. 锅中注入适量清水烧开，倒入洗净切块的豆腐，拌煮至断生。
2. 放入已经洗净切好，并用生粉腌渍过的猪肝，撒入姜片、葱花，煮至沸。
3. 加少许盐，拌匀调味。
4. 用小火煮约 5 分钟，至汤汁收浓。
5. 关火后盛出煮好的汤料，装入碗中即可。

小贴士

猪肝中有较多的毒素，在烹饪前可以用清水浸泡 1 小时，以去除其毒素。

丝瓜虾皮猪肝汤

烹饪时间
3分钟

原料

丝瓜 90 克，猪肝 85 克，虾皮 12 克，姜丝、葱花各少许

调料

盐 3 克，鸡粉 3 克，水淀粉 2 毫升，食用油适量

做法

1 将去皮洗净的丝瓜对半切开，切成片；猪肝切成片。

2 把猪肝片装入碗中，放入少许盐、鸡粉、水淀粉，拌匀。

3 再淋入少许食用油，腌渍 10 分钟。

4 锅中注油烧热，放入姜丝，爆香，再放入虾皮，快速翻炒出香味。

5 倒入适量清水，盖盖，用大火煮沸。

6 揭盖，倒入丝瓜，加入盐、鸡粉拌匀后放入猪肝。

7 用锅铲搅散，继续用大火煮至沸腾。

8 关火，将锅中汤料盛出装入碗中，再将葱花撒入汤中即可。

小贴士

猪肝切片后应及时加调料和水淀粉腌渍，及时入锅，以免营养成分流失。

丹参猪肝汤

烹饪时间
17分钟

原料

丹参15克，猪肝120克，上海青90克

调料

料酒2毫升，盐3克，鸡粉3克，水淀粉4毫升，食用油适量

做法

1 猪肝切成片，装入碗中，放入少许盐、鸡粉、料酒。

2 加入适量水淀粉，拌匀，腌渍10分钟，至其入味。

3 锅中注水烧开，倒入少许食用油。

4 加入上海青，煮半分钟后捞出，备用。

5 锅中注水烧开，倒入丹参，用小火煮15分钟后将药渣捞出。

6 放入少许盐、鸡粉，倒入猪肝快速搅匀，煮至变色。

7 关火后盛出煮好的汤料，装入汤碗中即可。

猪肝不要煮太久，以免煮得过老，影响口感。

明目枸杞猪肝汤

🍲 烹饪时间
21 分钟

原料

石斛 20 克，菊花 10 克，枸杞 10 克，猪肝 200 克，姜片少许

调料

盐 2 克，鸡粉 2 克

做法

1　猪肝切成片；石斛、菊花装入隔渣袋中，收紧袋口。

2　锅中注水烧开，倒入猪肝，汆去血水，捞出，待用。

3　砂锅中注水烧开，放入装有药材的隔渣袋。

4　倒入猪肝，放入姜片、枸杞，拌匀。

5　盖上盖，烧开后用小火煮 20 分钟，至食材熟透。

6　揭开盖子，放入盐、鸡粉，拌匀调味，取出隔渣袋即可。

小贴士

猪肝汆水的时间不要太久，否则会影响口感。

鹿茸花菇牛尾汤

烹饪时间
122分钟

原料

牛尾段300克，水发花菇50克，
蜜枣40克，枸杞15克，姜片
20克，鹿茸5克，葱花少许

调料

盐3克，鸡粉2克，料酒8毫升

做法

1 将洗净的花菇切小块。

2 锅中注水烧开，倒入牛尾、料酒，大火煮半分钟，
  捞出待用。

3 砂锅中注入适量清水烧开，倒入牛尾段。

4 撒上姜片，放入枸杞、鹿茸、蜜枣。

5 再倒入切好的花菇，淋入少许料酒。

6 盖上盖，煮沸后用小火煮约2小时，至食材熟透。

7 揭盖，加入少许鸡粉、盐，拌匀调味，用中火续煮片刻，
  至汤汁入味。

8 关火后盛出煮好的牛尾汤，装入汤碗中，撒上葱花
  即成。

花菇泡发的时间最好长一
些，这样能增添汤品的风味。

214

养肝健脾神仙汤

烹饪时间
123 分钟

原料

养肝健脾神仙汤汤料（灵芝、怀山药、枸杞、小香菇、麦冬、红枣）1/2 包，乌鸡块 200 克，清水 1000 毫升

调料

盐 2 克

小贴士

香菇需要浸泡至少半个小时以上，这样能有效去除杂质且方便煮熟软。

做法

1 将香菇倒入碗中，注入适量清水，浸泡 30 分钟；枸杞和灵芝、麦冬、红枣分别泡发 5 分钟。

2 捞出泡好的汤料，沥干水分，分别装入 3 个干净的碗中，待用。

3 砂锅中注水烧开，放入乌鸡块，氽煮除脏污，捞出待用。

4 砂锅中注水，放入乌鸡块、香菇、灵芝、怀山药、麦冬、红枣，拌匀。

5 加盖，大火煮开转小火煮 100 分钟至析出有效成分。

6 倒入枸杞，续煮 20 分钟至枸杞熟软。

7 加入盐，稍稍搅至入味即可。

215

板栗枸杞鸡爪汤

烹饪时间 190 分钟

原料

板栗200克，鸡爪50克，枸杞20克，高汤适量

调料

盐2克，料酒、白糖各适量

做法

1 锅中注水烧开，放入鸡爪，搅拌匀。

2 放入一些料酒，搅拌均匀，煮3分钟后捞起后过冷水，待用。

3 往砂锅中注入高汤，烧开后加入鸡爪、板栗。

4 盖上锅盖，调至大火，等它煮开后转至中火，炖3小时至食材熟软。

5 揭开锅盖，放入枸杞，搅拌均匀。

6 盖上锅盖，煮5分钟后加入白糖、盐。

7 搅拌均匀，至食材入味即可。

小贴士

枸杞不宜放太多，否则会影响汤的口感。

枸杞叶鱼片汤

烹饪时间 1分钟

原料

枸杞叶70克，草鱼肉120克，枸杞、姜片各少许

调料

盐3克，鸡粉3克，胡椒粉2克，芝麻油2毫升，食用油、水淀粉各适量

做法

1 草鱼肉切片，装入碗中，放入少许盐、鸡粉、胡椒粉，搅拌匀。

2 淋入适量水淀粉、食用油，腌渍10分钟，至其入味。

3 锅中注入适量清水烧开，放入适量盐、鸡粉、食用油。

4 放入姜片、枸杞，撒入枸杞叶，搅拌匀。

5 倒入腌好的鱼片，搅散，略煮片刻。

6 加入少许胡椒粉，淋入芝麻油，煮至沸。

7 关火，用勺搅匀调味即可。

小贴士

鱼片易熟，因此不宜煮太久，否则会失去鲜嫩的口感。

淮山鳝鱼汤

烹饪时间
31 分钟

原料

鳝鱼 120 克，巴戟天 10 克，淮山 35 克，黄芪 10 克，枸杞 10 克，姜片少许

调料

盐 2 克，鸡粉 2 克，料酒 10 毫升

做法

1 处理干净的鳝鱼切段。

2 锅中注水烧开，放入鳝鱼段，汆煮至变色。

3 捞出汆煮好的鳝鱼，沥干水分，待用。

4 砂锅中注入适量清水烧开，放入备好的姜片、枸杞、药材。

5 倒入汆过水的鳝鱼段，淋入适量料酒。

6 盖上盖，烧开后用小火煮 30 分钟至食材熟透。

7 揭开盖，放入少许盐、鸡粉，拌匀调味。

8 关火后把煮好的鳝鱼汤盛出，装入碗中即可。

小贴士

鳝鱼汆水时可以用勺不时搅动，以去除外边的黏膜，这样煮出的汤可减少腥味。

茶树菇草鱼汤

烹饪时间
4分钟

原料

水发茶树菇90克，草鱼肉200克，姜片、葱花各少许

调料

盐3克，鸡粉3克，胡椒粉2克，料酒5毫升，芝麻油3毫升，水淀粉4毫升

做法

1. 洗净的茶树菇切去老茎，草鱼肉切成双飞片。

2. 把鱼片装入碗中，加入少许料酒、盐、鸡粉、胡椒粉，拌匀。

3. 再倒入少许水淀粉，拌匀，淋入适量芝麻油，拌匀，腌渍10分钟。

4. 锅中注水烧开，放入茶树菇，煮至七成熟，捞出待用。

5. 另起锅，倒水烧开，倒入茶树菇、姜片，搅匀。

6. 淋入少许芝麻油，加入适量盐、鸡粉、胡椒粉，搅拌匀，用大火煮至沸。

7. 放入腌好的鱼片，煮至鱼片变色。

8. 撒入葱花即可。

小贴士

草鱼肉易熟，煮的时间不宜太长，否则容易煮老。

枸杞海参汤

原料

海参 300 克，香菇 15 克，枸杞 10 克，姜片、葱花各少许

调料

盐、鸡粉各 2 克，料酒 5 毫升

做法

1 砂锅中注入适量的清水大火烧热。

2 放入海参、香菇、枸杞、姜片。

3 淋入少许的料酒，搅拌片刻。

4 盖上锅盖，煮开后转小火煮 1 小时至熟透。

5 掀开锅盖，加入少许盐、鸡粉。

6 搅拌匀煮开，使食材入味。

7 关火，将煮好的汤盛出装入碗中，撒上葱花。

小贴士

熬制的时间比较长，可以多加一点水，以免糊锅。

响螺怀山枸杞汤

 烹饪时间
123分钟

原料

响螺怀山枸杞汤汤料(响螺片、怀山药、枸杞、黄芪、党参、蜜枣)1/2包，水1000毫升

调料

盐2克

小贴士

响螺片泡好之后可切成小块，使其营养成分在煮制过程中更容易析出。

做法

1 将枸杞和响螺片、怀山药、黄芪、党参分别装入碗中，倒入清水泡发5分钟。

2 捞出泡好的食材，沥干水分，待用。

3 砂锅中注水，放入泡好的响螺片、怀山药、黄芪、党参，再放入蜜枣。

4 加盖，用大火煮开后转小火续煮100分钟至汤料有效成分析出。

5 揭盖，放入枸杞，加盖，煮约20分钟至枸杞熟软及有效成分析出。

6 揭盖，加入盐，稍稍搅拌至入味即可。

白萝卜百合芡实煲排骨

淮山芡实老鸽汤

第4章

因人而异，
全家进补

广东人煲汤，会根据男女老少的体质、生理构造等不同而区别对待。不同汤煮给不同的人，科学进补。

儿童：活力成长汤

孩子是未来的希望，是全家的心头肉，很多家长觉得孩子吃得越多越丰富越好，营养就能跟得上。其实孩子的饮食是最讲究的，来看看孩子的饮食进补原则吧！

儿童进补原则与禁忌

进补原则

◎ 食物多样，谷类为主：日常应该是多种多样食物的混合膳食，包括谷类及薯类、动物性食物、豆类、蔬菜、水果、坚果类、纯能量食物（比如植物油、淀粉、食用糖等）。

◎ 多吃蔬菜和水果：蔬菜和水果所含的营养成分并不完全相同，不能相互替代。还要注意蔬菜水果的品种、颜色和口味的变化，以引起儿童多吃蔬菜水果的兴趣。

◎ 每天饮奶，常吃大豆及豆制品：奶类除含有丰富的优质蛋白质、维生素 A、核黄素外，含钙量较高，且利用率也很好，是天然钙质的极好来源。大豆是我国的传统食品，含丰富的优质蛋白质、不饱和脂肪酸、钙及维生素 B_1、维生素 B_2、烟酸等。为避免吃过多肉类带来的不利影响，建议常吃大豆及其制品。

◎ 膳食清淡少盐：在为儿童烹制食物时，应尽可能保持食物的原汁原味，让孩子首先品尝和接纳各种食物的自然味道。为了保护儿童较敏感的消化系统、预防偏食和挑食的不良饮食习惯，儿童的膳食应清淡、少盐、少油脂，并避免添加辛辣等刺激性物质和调味品。

禁忌

◎ 忌食时责骂：有的孩子对吃饭并不是很热情，如果这个时候对孩子训斥甚至打骂，是最不符合生理、心理要求的，容易导致孩子肠、胃活动和消化腺体的分泌受到抑制，从而引起消化不良和吸收不好。所以，吃饭时应尽可能让孩子心情欢畅，千万不要责骂。

◎ 忌暴食：暴食伤身，人人皆知，尤其是 3 岁以内的儿童更是如此。小孩吃东西往往不会自我调节、自我控制，喜欢吃的东西就"大吃"，容易引起消化不良，造成积食，增加肠、胃、肾脏的负担，家长要把好关。

◎ 忌过多的零食、甜食：零食过多，主食则减少，日积月累会影响孩子的正常发育，易患某种营养缺乏症。甜食及糖分是人们身体的主要热能来源，也是儿童生长发育不可缺少的营养之一，但是任何事物，包括吃东西，总有一定的比例和限度，吃得过量了往往会适得其反。

板栗龙骨汤

 烹饪时间
92 分钟

原料

龙骨块 400 克，板栗 100 克，玉米段 100 克，胡萝卜块 100 克，姜片 7 克

调料

料酒 10 毫升，盐 4 克

做法

1 砂锅中注水烧开，倒入龙骨块，加入料酒、姜片。
2 加盖，大火烧片刻，撇去浮沫。
3 倒入玉米段，加盖，小火煮 1 小时。
4 加入板栗，小火续煮 15 分钟至熟。
5 倒入胡萝卜块，小火续煮 15 分钟至食材熟透。
6 揭盖，加入盐搅拌片刻即可。

小贴士

水一定要放足，煮汤中间加水容易延长汤熟的时间，而且汤的味道会变腥。

白萝卜百合芡实煲排骨

烹饪时间 180分钟

原料

排骨块 200 克，枸杞 10 克，白萝卜块 80 克，鲜百合 20 克，芡实 20 克，高汤适量

调料

盐 2 克

做法

1 锅中注入适量清水烧开，倒入洗净的排骨块，搅拌均匀，煮约 2 分钟，汆去血水。

2 关火后捞出汆煮好的排骨。

3 将排骨过一下冷水，装盘备用。

4 砂锅中注入适量高汤烧开，倒入汆过水的排骨。

5 放入备好的白萝卜、芡实、百合、枸杞，搅拌匀。

6 盖上盖，用大火烧开后转小火炖 1～3 小时至食材熟透。

7 揭开盖，加入盐，拌匀调味即可。

小贴士

若使用干百合煮汤，宜先用水浸泡半天，这样百合更易煮烂。

莲藕排骨汤

 烹饪时间
77分钟

原料

莲藕250克，排骨200克，生姜15克，葱10克，胡萝卜片、花生米各少许

调料

盐3克，料酒7毫升，鸡汁12毫升

做法

1 生姜去皮，切成细丝；葱切成细末；莲藕切小块。

2 锅中倒入清水烧开，放入排骨段，搅拌匀。

3 汆煮约1分钟，再捞出排骨，沥干水分，待用。

4 锅中注入清水烧热，撒上姜丝，倒入花生米、排骨，搅拌匀。

5 取砂煲，盛入锅中的材料，置于旺火上，盖盖，小火煲煮约1小时。

6 揭盖，放入莲藕块，再加入少许盐、料酒、鸡汁，拌匀调味。

7 盖上盖，用小火续煮约10分钟，至食材入味。

8 撒入葱末，撒上胡萝卜片即成。

 小贴士

焖煮食材时，要注意火候大小的转换，否则会影响汤汁的口感。

党参胡萝卜猪骨汤

 烹饪时间
46 分钟

原料

猪骨 300 克，胡萝卜 200 克，
党参 15 克，姜片 20 克

调料

盐 2 克，鸡粉 2 克，胡椒粉 1 克，
料酒 10 毫升

 小贴士

在煮汤时淋入白醋，有利
于促进猪骨中的钙质释放。

做法

1 洗好的胡萝卜切条，再切成丁。

2 锅中注入水烧开，倒入猪骨，煮至变色，捞出待用。

3 砂锅中注入适量清水烧开，放入党参、姜片、猪骨，
淋入料酒，拌匀提味。

4 盖上盖，烧开后用小火煮约 30 分钟。

5 揭盖，倒入切好的胡萝卜，拌匀。

6 盖上锅盖，用小火再煮 15 分钟至食材熟透。

7 揭开锅盖，加少许盐、鸡粉、胡椒粉，拌匀调味，
略煮片刻。

8 关火后盛出煮好的汤料，装入碗中即可。

青豆排骨汤

烹饪时间 62分钟

原料

青豆 120 克，玉米棒 200 克，排骨 350 克，姜片少许

调料

盐 2 克，鸡粉 2 克，料酒 6 毫升，胡椒粉少许

做法

1 洗净的玉米棒切成块。

2 锅中注水烧开，倒入排骨、料酒，大火烧开，氽煮去除血水。

3 把氽过水的排骨捞出，备用。

4 砂锅中注水，用大火烧开，倒入排骨、玉米、青豆，撒入姜片。

5 再加料酒，盖上盖，烧开后用小火炖 1 小时至熟。

6 揭盖，放入适量盐、鸡粉、胡椒粉拌匀调味即可。

小贴士

炖制排骨时，可加入少许白醋，不仅能缩短炖煮的时间，而且利于营养析出。

① ② ③ ⑤

排骨玉米莲藕汤

 烹饪时间
123分钟

原料

排骨块300克，玉米100克，莲藕110克，胡萝卜90克，香菜、姜片、葱段各少许

调料

盐、鸡粉、胡椒粉各2克

做法

1 洗净的玉米切成小块；胡萝卜切滚刀块；莲藕对切开，切成块。

2 锅中注水大火烧开，倒入排骨块，余煮去除血水，捞出，待用。

3 砂锅中注水大火烧热，倒入排骨块、莲藕、玉米、胡萝卜。

4 再加入葱段、姜片，拌匀煮至沸。

5 盖上锅盖，转小火煮2个小时至食材熟透。

6 掀开锅盖，加入盐、鸡粉、胡椒粉，搅拌调味。

7 关火后将煮好的汤盛出装入碗中，放上香菜即可。

 小贴士

夏天食用时还可加入些薏米，口感会更好。

枸杞叶猪肝汤

烹饪时间
5分钟

原料

枸杞叶 100 克，猪肝 150 克，红枣 30 克，姜片少许

调料

盐 5 克，鸡粉 4 克，胡椒粉 3 克，料酒 5 毫升，水淀粉适量，食用油少许

做法

1 把猪肝切成薄片，加入盐、鸡粉、料酒，拌匀入味。

2 倒上少许水淀粉，拌匀上浆，腌渍 10 分钟。

3 锅中注入适量清水，大火烧开，下入红枣，再注入少许食用油。

4 撒入姜片，煮约 3 分钟至红枣变软。

5 加入盐、鸡粉、胡椒粉，倒入枸杞叶，拌匀煮沸。

6 倒入猪肝片，拌匀，用中小火煮至食材熟透即成。

小贴士

此汤菜中的猪肝要鲜嫩一些才美味，所以猪肝煮的时间不宜太长。

菠菜肉丸汤

烹饪时间
4分钟

原料

菠菜70克，肉末110克，姜末、葱花各少许

调料

盐2克，鸡粉3克，生抽2毫升，生粉12克，食用油适量

做法

1 洗净的菠菜切段。
2 把肉末装入碗中，倒入姜末、葱花。
3 加少许盐、鸡粉，撒上生粉，拌匀至其起劲。
4 锅中注水烧开，将拌好的肉末挤成丸子，放入锅中。
5 用大火略煮，撇去浮沫。
6 加入少许食用油、盐、鸡粉、生抽。
7 倒入菠菜，拌匀，煮至断生。
8 关火后盛出煮好的肉丸汤即可。

小贴士

菠菜可先用开水焯烫一下，可除去80%的草酸。

姬松茸茶树菇鸡汤

 烹饪时间 123 分钟

原料

姬松茸茶树菇鸡汤汤料（姬松茸、茶树菇、枸杞、白芍、红枣）1/2 包，清水 1000 毫升，鸡块 200 克

调料

盐适量

小贴士

汆好水后的鸡肉再过一道凉水，口感会更好。

做法

1 将清水注入姬松茸和茶树菇的碗中，泡发 30 分钟。
2 锅中注水大火烧开，倒入鸡块，汆去血水，捞出，待用。
3 砂锅中注水，倒入鸡块、泡发滤净的姬松茸、茶树菇。
4 放入洗净的红枣、白芍，搅拌匀。
5 盖上锅盖，大火煮开后转小火煮 100 分钟。
6 掀开盖，加入枸杞，盖上锅盖，再继续煮 20 分钟析出成分。
7 掀开锅盖，加入少许的盐，搅匀调味。
8 将煮好的汤盛出装入碗中即可。

枣杏煲鸡汤

烹饪时间
122 分钟

原料

鸡 500 克，栗子 200 克，
红枣 150 克，核桃 100
克，杏仁、姜各适量

调料

盐适量

做法

1 将杏仁、栗子、核桃分别洗净去皮去核煮 5 分钟，捞出。

2 将红枣洗净去核。

3 将鸡切去脚洗净，放入滚水中煮熟，取出洗净。

4 锅内填入适量水，放入鸡。

5 放入红枣、杏仁、姜煲滚，慢火煲 2 小时。

6 加入核桃、栗子肉煲滚，再煲 1 小时。

7 撒盐调味，盛出即可。

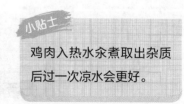

小贴士

鸡肉入热水氽煮取出杂质
后过一次凉水会更好。

黄豆马蹄鸭肉汤

烹饪时间
41分钟

原料

鸭肉 500 克，马蹄 110 克，水发黄豆 120 克，姜片 20 克

调料

料酒 20 毫升，盐 2 克，鸡粉 2 克

做法

1 马蹄去皮切成小块。

2 锅中注清水烧开，放入鸭肉块，加入料酒，搅拌汆去血水。

3 把汆煮好的鸭肉块捞出，沥干水分，待用。

4 砂锅中注水烧开，倒入黄豆、马蹄、鸭肉块，撒上姜片，淋入适量料酒。

5 盖上盖，烧开后用小火炖 40 分钟，至食材熟透。

6 揭开盖，加入少许盐、鸡粉，拌匀调味即可。

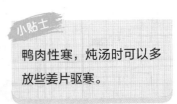

小贴士

鸭肉性寒，炖汤时可以多放些姜片驱寒。

瘦肉笋片鹌鹑蛋汤

烹饪时间 7分钟

原料

包菜 60 克，大葱 20 克，鹌鹑蛋 40 克，香菇 15 克，猪里脊肉 80 克，去皮冬笋 20 克，去皮胡萝卜 20 克

调料

土豆水淀粉 10 毫升，盐、白胡椒粉各 3 克，生抽、芝麻油各 5 毫升

做法

1 大葱切圈；冬笋对半切开，改切成片；包菜切成段。

2 胡萝卜对半切开，改切成丁；猪里脊肉切成片。

3 香菇去柄，对半切开，切成小块，待用。

4 准备 1 个碗，放入猪里脊肉，撒上盐、白胡椒粉，加入土豆水淀粉，腌渍 5 分钟。

5 锅中注水烧开，倒入胡萝卜、香菇、冬笋、鹌鹑蛋、大葱，再次煮沸。

6 倒入包菜、猪里脊肉，拌匀，撇去浮沫，煮至里脊肉转色。

7 加入盐、白胡椒粉、生抽、芝麻油，充分拌匀至入味。

8 关火后将煮好的汤盛入碗中即可。

小贴士

可以在鹌鹑蛋上用竹签扎上若干个孔，方便其入味。

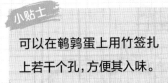

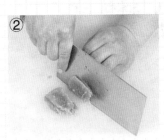

葱豉豆腐鱼头汤

烹饪时间
45分钟

原料

鲢鱼头 500 克，豆腐 300 克，
香菜、淡豆豉、葱白各适量

调料

盐、色拉油各适量

做法

1 将鲢鱼头去掉喉管、腮腺，洗净，切成两半。

2 香菜、淡豆豉、葱白分别切碎；豆腐切块，沥干水分。

3 炒锅注色拉油烧热，放入豆腐块略煎，盛出备用。

4 放入鲢鱼头煎香。

5 加淡豆豉碎、豆腐块，添适量水，大火煮沸。

6 加入盐，放入切碎的香菜、葱白，盛出即可。

小贴士

鱼头一定要将鱼鳃择洗干净，用清水冲洗干净，否则会影响汤的质量。

243

豆蔻陈皮鲫鱼汤

烹饪时间
22分钟

原料

鲫鱼450克，肉豆蔻15克，陈皮10克，姜片、葱段各适量

调料

盐2克，鸡粉2克，食用油适量

做法

1 用油起锅，放入姜片，炒香。

2 放入处理干净的鲫鱼，煎出香味。

3 翻面，煎至鲫鱼呈焦黄色。

4 倒入适量清水，放入备好的肉豆蔻、陈皮。

5 加入少许盐、鸡粉调味。

6 盖上盖，用小火煮20分钟，至食材熟透。

7 揭开盖，略煮片刻，关火后盛出煮好的汤料，装入碗中。

8 放入葱段，待稍微放凉后即可食用。

小贴士

可以在鲫鱼肚里塞入2片姜，这样可以更好地去除腥味。

花生健齿汤

烹饪时间 53 分钟

原料

莲子 50 克，红枣 5 颗，
花生 100 克

调料

白糖 15 克

做法

1 砂锅中注水烧开，加入洗净的花生、泡好的莲子，拌匀。

2 盖上盖，用大火煮开后转小火续煮 30 分钟至熟软。

3 揭盖，加入洗净的红枣。

4 盖上盖，续煮 20 分钟至食材有效成分析出。

5 揭盖，加入白糖，搅拌至溶化。

6 关火后盛出煮好的汤，装碗即可。

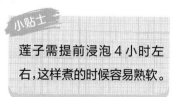

小贴士

莲子需提前浸泡 4 小时左
右，这样煮的时候容易熟软。

鲅鱼丸子汤

烹饪时间
3分钟

原料

鲅鱼块270克，水发香菇60克，上海青少许

调料

盐2克，鸡粉3克，胡椒粉2克，料酒4毫升，生粉适量

做法

1 洗净的香菇切丝，改切成丁。

2 鲅鱼块去除鱼皮、鱼骨，取鱼肉，切块，再切成泥。

3 准备1个碗，倒入鱼肉泥，放入香菇，拌匀。

4 加入盐、鸡粉、胡椒粉，淋入适量料酒。

5 撒上适量生粉，拌匀至起劲，制成鱼肉糊，备用。

6 锅中注水烧开，将肉糊做成数个丸子，放入到沸水锅中。

7 搅匀，用中火煮约2分钟，放入上海青，拌匀，加入盐、鸡粉。

8 煮熟后盛出上海青，装入碗中，再盛出锅中余下的汤料即可。

小贴士

盐可以少放或者不放，以免掩盖鲅鱼和香菇的鲜味。

247

砂锅紫菜汤

烹饪时间
20 分钟

原料

紫菜、芦笋、香菇、小白菜、豆腐各50克，姜、素汤各适量

调料

盐、酱油、香油、花生油各适量

做法

1 紫菜去杂质，掰成碎块；芦笋洗净，切成小片。

2 香菇、豆腐切成细丝。

3 小白菜洗净；姜洗净，去皮切成末。

4 炒锅注花生油烧热，放入芦笋片、香菇丝、豆腐丝略煸。

5 添入素汤，放入紫菜块烧沸。

6 砂锅内加入盐、酱油、姜末，淋入香油，放入小白菜略烧即可。

小贴士

紫菜以色泽为紫红色的为好，表明菜质较嫩，以清水泡发，并换1~2次水以清除杂质。

中老年人：益寿养生汤

　　良好的饮食习惯是老年人延年益寿的法宝，不仅可以延缓老化的速度，而且可以降低各种慢性疾病发生的几率。

中老年人进补原则与禁忌

进补原则

◎ 少食多餐：老年人每日唾液的分泌量是年轻人的 1/3，胃液的分泌量也下降为年轻时的 1/5，因而稍一吃多，就会肚子胀、不消化。所以，老人每一餐的进食量应比年轻时减少 10% 左右，同时要保证少食多餐。

◎ 软食为主：有些老年人牙齿松动或脱落，消化功能减退，故应以易咀嚼、易消化的食物为主，如牛奶、豆浆、稠稀饭、馄饨等。要少吃油炸食品和干硬食品，如油饼、火烧等。

◎ 多吃蔬菜：新鲜蔬菜中含有老年人所必需的维生素和矿物质，多吃蔬菜对保护心血管和防癌很有好处，老人每天都应吃不少于 250 克的蔬菜。

禁忌

◎ 忌重口味：老年人的味觉功能有所减退，常常是食而无味，总喜欢吃口味重的食物来增强食欲，这样无意中就增加了盐的摄入量。盐吃多了会加重肾负担，还可能降低口腔黏膜的屏障作用，增加感冒病毒在上呼吸道生存和扩散的几率。

◎ 忌吃剩饭菜：新鲜食品营养丰富，易于消化吸收。老年人的食物以随购随食为好，尤其是夏季，以免肠胃受累，引起某些疾病。

◎ 忌生冷：老年人为虚寒之体，温食可暖胃养身。平日里应少吃冷食，更忌生食。即使在盛夏伏暑，过食冷饮也会对老年人的身体健康造成危害。

黄芪灵芝瘦肉汤

烹饪时间
123 分钟

原料

黄芪灵芝瘦肉汤汤料包 1/2 包
（灵芝、茯苓、黄芪、芡实、红枣、
野生小黑木耳），瘦肉 200 克，
水 1000 毫升

调料

盐 2 克

小贴士

红枣核可以事先去除，能
减少燥热的可能。

做法

1　将灵芝、茯苓、黄芪装进隔渣袋里，放入清水碗中。

2　碗中加入芡实、红枣，泡发 10 分钟。

3　小黑木耳单独装碗，倒入清水泡发 30 分钟。

4　捞出泡好的食材，沥干水分，装盘待用。

5　沸水锅中倒入的瘦肉块，汆煮去除血水，捞出待用。

6　砂锅注水，倒入瘦肉块、红枣、芡实、小黑木耳、
　　隔渣袋。

7　加盖，用大火煮开后转小火续煮 120 分钟至食材有
　　效成分析出。

8　揭盖，加入盐搅匀调味即可。

② 　⑥ 　⑦ 　⑧

丹参猪心汤

 烹饪时间
180分钟

原料

猪心150克，丹参20克，黄芪10克，高汤适量

调料

盐2克

做法

1 锅中注水烧开，放入洗净切好的猪心，煮约3分钟，氽去血水。

2 捞出猪心，过冷水，装盘待用。

3 砂锅中注入适量高汤烧开，放入氽煮好的猪心，加入洗净的丹参和黄芪，拌匀。

4 盖上锅盖，烧开后转小火煮1～3小时至食材熟透。

5 打开锅盖，加少许盐调味。

6 拌煮片刻至食材入味。

7 关火后盛出煮好的汤料，装入碗中即可。

小贴士

猪心表面黏液较多，清洗时最好加入少许白醋，切片时才不易滑刀。

无花果茶树菇鸭汤

 烹饪时间 **42分钟**

原料

鸭肉500克，水发茶树菇120克，无花果20克，枸杞、姜片、葱花各少许

调料

盐、鸡粉各2克，料酒18毫升

做法

1 洗好的茶树菇切去老茎，切成段；鸭肉斩成小块。

2 锅中注水烧开，倒鸭块，搅散，加入料酒，煮沸，氽去血水，把鸭块捞出，沥干，待用。

3 砂锅中注入适量清水烧开，倒入鸭块，加洗净的无花果、枸杞、姜片，放入茶树菇，淋入少许料酒，搅拌匀。

4 盖上盖，用小火煮40分钟，至食材熟透。

5 揭开盖，放入适量鸡粉、盐，用勺搅匀调味。

6 将汤料盛出，装入汤碗中，撒上葱花即可。

小贴士

鸭肉含油比较多，可以在煮好后捞去表层的鸭油，以免太油腻。

枇杷虫草花老鸭汤

 烹饪时间 62分钟

原料

鸭肉500克，虫草花30克，百合40克，枇杷叶7克，南杏仁25克，姜片25克

调料

盐、鸡粉各2克，料酒20毫升

煲汤前可以将南杏仁捣碎，这样更利于析出有效成分。

做法

1 鸭肉斩成小块，放入热水锅中，加入少许料酒。
2 煮至沸，余去血水，捞出，待用。
3 砂锅中注水烧开，倒入余过水的鸭块。
4 放入枇杷叶、百合、南杏仁、姜片、虫草花，搅拌匀，加入料酒。
5 盖上盖，烧开后用小火炖1小时，至食材熟透。
6 揭盖，放入少许盐、鸡粉。
7 撇去汤中浮沫，搅拌匀，煮至入味。
8 将炖好的汤料盛出，装入碗中即可。

北杏党参老鸭汤

烹饪时间 62分钟

原料

鸭 700 克，北杏仁 15 克，党参 10 克，姜少许

调料

盐 3 克，鸡粉、料酒各适量

小贴士

鸭肉的腥味较重，氽水后最好再清洗几次，这样能改善汤汁的口感。

做法

1 鸭洗净切成块，姜切片。

2 锅中注清水烧热，倒入鸭肉块，淋入适量料酒，大火煮半分钟，氽去血渍，捞出沥干，待用。

3 砂锅中注入适量清水烧开，放入备好的姜片，加入洗净的党参、北杏仁，倒入鸭肉块，淋入少许料酒提味。

4 盖上盖，煮沸后用小火煮 60 分钟，至食材熟透；加入少许盐、鸡粉，掠去浮沫。

5 再转中火煮一会儿，至汤汁入味，装入汤碗中即成。

茶树菇莲子炖乳鸽

烹饪时间
201 分钟

原料

乳鸽块 200 克，水发莲子 50 克，水发茶树菇 65 克

调料

盐、鸡粉各 1 克

小贴士

乳鸽和茶树菇本身具有鲜香味，可不放鸡粉，以保持汤品的原汁原味。

做法

1 往陶瓷内胆中放入乳鸽块、茶树菇、莲子。

2 注入适量清水，加入盐、鸡粉，搅拌均匀。

3 取出养生壶，通电后放入陶瓷内胆，盖上内胆盖。

4 壶内注入适量清水。

5 盖上壶盖，按下"开关"键，选择"炖补"图标，机器开始运行，炖煮 200 分钟至食材熟软入味。

6 断电后揭开壶盖和内胆盖，将炖好的汤品装碗即可。

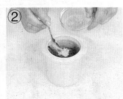

黄芪鲤鱼汤

烹饪时间
36 分钟

原料

鲤鱼 500 克，水发红豆 90 克，黄芪、砂仁各 20 克，莲子 40 克，芡实 30 克，姜片、葱段各少许

调料

料酒 10 毫升，盐、鸡粉各 2 克，食用油适量

煮鱼汤过程中，可用勺将鲤鱼翻面，这样更易入味。

做法

1 用油起锅，倒入姜片，爆香，放入鲤鱼，煎至焦黄色。

2 盛出煎好的鲤鱼，装入盘中，备用。

3 锅中注入适量开水，放入红豆、莲子、黄芪、砂仁、芡实。

4 盖上盖，用小火煮 20 分钟，至药材析出有效成分。

5 揭开盖，放入鲤鱼、料酒、盐、鸡粉。

6 盖上盖，用小火续煮 15 分钟，至食材熟透。

7 揭盖，略煮片刻，用勺搅拌匀。

8 关火后盛出煮好的汤料，装入碗中，放入葱段即可。

鲫鱼黄芪生姜汤

 烹饪时间 42 分钟

原料

净鲫鱼 400 克，老姜片 40 克，黄芪 5 克

调料

盐、鸡粉各 2 克，米酒 5 毫升，食用油适量

做法

1 炒锅注油烧热，下入姜片，爆香。

2 放入鲫鱼，用小火煎至散发出香味，翻转鱼身，再煎一会儿至其断生。

3 关火，盛出鲫鱼，沥干油后放在盘中。

4 砂锅中注入 1000 毫升清水烧开，放入洗净的黄芪。

5 盖上盖，用小火煮约 20 分钟至散发出药香味。

6 揭盖，倒入煎好的鲫鱼，淋入米酒提鲜。

7 盖上盖，用大火煮沸后转小火续煮约 20 分钟至食材熟透。

8 揭盖，调入盐、鸡粉，用大火煮至入味即成。

小贴士

油锅中煎至焦煳的姜片要去除，以免煮汤时破坏鱼肉的鲜美。

清炖鱼汤

🍲 烹饪时间
41 分钟

原料

沙光鱼 300 克，豆腐 75 克，上海青 20 克，姜片 10 克，葱花 3 克

调料

盐 3 克，水淀粉 4 毫升，料酒 4 毫升，食用油适量

做法

1　洗净的上海青切成小段。

2　沙光鱼片倒入碗中，加入盐、水淀粉。

3　再放入姜片、食用油、料酒，搅拌匀，腌渍半小时。

4　备好电饭锅，倒入鱼片，注入清水，搅匀。

5　盖上盖，按下"功能"键，调至"靓汤"状态，定时 30 分钟。

6　待时间到，按"取消"，加入豆腐、上海青，拌匀。

7　盖上盖，调至"靓汤"状态，再焖 10 分钟。

8　待煮好，打开锅盖，放入葱花，拌匀即可。

小贴士

鱼片可多腌渍片刻，能更好地去腥。

冬瓜蛤蜊汤

 烹饪时间
7 分钟

（原料）

冬瓜 110 克，蛤蜊 180 克，香菜 10 克，姜片少许

（调料）

盐 2 克，鸡粉 2 克，白胡椒粉适量

（做法）

1 洗净去皮的冬瓜切成片，待用。

2 锅中注入适量的清水大火烧开。

3 倒入冬瓜片、姜片，搅拌匀。

4 盖上锅盖，大火煮 5 分钟至食材变软。

5 掀开锅盖，倒入蛤蜊，拌匀，煮至开壳。

6 加入盐、鸡粉、白胡椒粉，搅匀调味。

7 关火后将煮好的汤盛出装入碗中。

8 撒上备好的香菜即可。

 小贴士

可以将蛤蜊在清水里饲养一晚，能更好地吐净泥沙。

草菇虾米干贝汤

烹饪时间 5分钟

原料

草菇150克，虾米35克，干贝20克，姜丝、葱花各少许

调料

鸡粉、盐各2克，食用油适量

做法

1 锅中注水烧开，倒入切好的草菇，搅拌均匀，煮约1分钟。

2 捞出煮好的草菇，过一下清水，装盘备用。

3 热锅注入适量食用油，放入姜丝、干贝、虾米、草菇，翻炒均匀。

4 锅中加入适量清水，搅拌匀。

5 放入鸡粉、盐，搅拌均匀，煮约3分钟，搅拌均匀。

6 将煮好的汤料盛出，装入碗中，撒上葱花即可。

小贴士

草菇不宜浸泡时间过长，以免破坏其营养成分。

虾米白菜豆腐汤

烹饪时间
2分钟

原料

虾米20克，豆腐90克，
白菜200克，枸杞15克，
葱花少许

调料

盐2克，鸡粉2克，料
酒10毫升，食用油适量

做法

1 豆腐切成粗条，再切成小方块。
2 洗净的白菜切成段，再切成丝，备用。
3 用油起锅，倒入虾米，炒香，放入白菜，翻炒均匀。
4 淋入料酒，倒入清水，加入枸杞，煮至沸腾。
5 揭开盖，放入豆腐块，煮沸。
6 加入适量盐、鸡粉，搅拌均匀，撒上葱花即可。

小贴士

白菜煮制的时间不宜过长，否则会破坏白菜的营养成分。

阿胶淮杞炖甲鱼

烹饪时间
123分钟

原料

甲鱼块 800 克，淮山、枸杞各 5 克，阿胶 3 克，清鸡汤 200 毫升，姜片少许

调料

盐、鸡粉各 2 克，料酒 10 毫升

余煮甲鱼时放入少许姜片，能有效去除其腥味。

做法

1. 沸水锅中倒入甲鱼块，淋入料酒，略煮余去血水，捞出。
2. 将余好的甲鱼放入炖盅里，注入鸡汤，放入姜片、淮山、枸杞，加入适量清水，盖上盖，待用。
3. 蒸锅中注水烧开，放入阿胶、炖盅，阿胶中加入适量清水。
4. 盖上锅盖，用大火炖 90 分钟，取出阿胶，搅匀。
5. 在炖盅里加入盐、鸡粉、料酒。
6. 倒入溶化的阿胶，拌匀。
7. 盖上盖，续炖 30 分钟至熟即可。

什锦豆腐汤

原料

嫩豆腐 200 克，猪血 170 克，木耳适量，水发香菇 3 朵，葱末、榨菜末各少许

调料

盐 3 克，核桃油适量

做法

1 洗净的木耳切成碎，待用。
2 水发香菇切成条，再切成粒，待用。
3 豆腐切成小块，待用。
4 洗净的猪血切成块，待用。
5 热锅注水煮沸，放入香菇粒、木耳碎。
6 放入豆腐块、猪血块，轻轻搅拌均匀。
7 放入榨菜末、盐，注入核桃油，煮至食材熟透。
8 关火，将烹制好的食材盛至备好的碗中，撒上葱末即可。

小贴士

沸水锅中可以先放少许盐拌匀，再放入嫩豆腐焯煮，这样在烹饪时，豆腐块才会保持其完整性，不会煮碎了。

珍珠百合银耳汤

烹饪时间
22 分钟

原料

水发银耳 180 克, 鲜百合 50 克,
珍珠粉 10 克

调料

冰糖 25 克

做法

1 泡发洗好的银耳切小块, 备用。

2 砂锅中注入适量清水烧开, 倒入切好的银耳、洗净的百合。

3 盖上盖, 用小火炖煮 20 分钟, 至食材熟透。

4 揭盖, 放入珍珠粉, 拌匀, 煮沸。

5 倒入冰糖, 煮至其完全软溶化, 持续搅拌一会儿, 使甜汤味道均匀。

6 关火后将煮好的甜汤盛出, 装入碗中。

小贴士

银耳宜用温水泡开后再熬制, 这样口感会更好。

枣仁鲜百合汤

烹饪时间 35 分钟

原料

鲜百合 60 克, 酸枣仁 20 克

做法

1 将洗净的酸枣仁切碎, 备用。

2 砂锅中注入适量清水烧热, 倒入酸枣仁。

3 盖上盖, 用小火煮约 30 分钟, 至其析出有效成分。

4 揭盖, 倒入洗净的百合, 搅拌匀。

5 用中火煮约 4 分钟, 至食材熟透。

6 关火后盛出煮好的汤料, 装入碗中即成。

小贴士

酸枣仁不宜切得太碎, 否则会影响口感。

孕产妇：滋补调养汤

孕妈妈的营养是孕期的一件大事，与胎儿的健康、智力发育有密不可分的关系，母体健康直接影响着胎儿的智力和健康。那孕期饮食调养有哪些原则和禁忌呢？

孕产妇进补原则及禁忌

进补原则

◎ 重视膳食中蛋白质，特别是动物蛋白的供应：应根据产妇饮食习惯，合理搭配动物蛋白和植物蛋白。

◎ 主食多样化，粗粮和细粮都要吃：小米、玉米面、糙米、标准粉中所含的 B 族维生素要比精米、精面多出几倍。

◎ 多吃新鲜蔬菜和水果：蔬果既供应维生素 C，又可预防便秘。

◎ 少食多餐：可以考虑一天吃 5 ~ 6 餐，避免肚子胀或一次进食太多。

禁忌

◎ 不宜滋补过量：因为滋补过量容易导致肥胖，使人体内的糖和脂肪代谢异常，引发各种疾病，还会使奶水中的脂肪含量增多，即使婴儿胃肠能够吸收也易造成过度肥胖；若婴儿消化能力较差，不能充分吸收，就会出现脂肪泻、长期慢性腹泻，导致营养不良。

◎ 不宜吃辛辣温燥食物：辛辣温燥食物（如大蒜、辣椒、胡椒、茴香、酒、韭菜等）可使产妇上火，出现口舌生疮、大便秘结及痔疮等病症，通过乳汁还可能使婴儿内热加重。产后饮食宜清淡，尤其在产后5~7天之内，应以软饭、蛋汤等为主。此外，还应忌食生冷、坚硬食品，以保护脾胃和防止牙齿松动。

◎ 不宜久喝红糖水：产妇在生产过程中精力和体力消耗很大、失血较多，产后又要哺乳婴儿，需要丰富的碳水化合物和铁质，这时进食适量的红糖是有好处的，因为红糖既能补血，又能供应热量。但是，久喝红糖水对子宫复原不利，红糖的活血作用会使恶露的血量增多，造成产妇继续失血。产后喝红糖水的时间，以产后 7~10 天为宜。

◎ 不宜过食味精：味精中含有谷氨酸钠，哺乳期食味精会使谷氨酸钠通过乳汁进入宝宝的体内，引起宝宝急性锌缺乏，出现舌头味蕾受累，影响味觉，导致厌食。缺锌还会使宝宝发生智力障碍、暗适应异常以及生长发育缓慢等病症。因此，乳母在分娩 3 个月内最好不要食用味精。

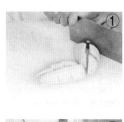

红腰豆莲藕排骨汤

 烹饪时间
122 分钟

原料

莲藕 330 克，排骨 480 克，红腰豆 100 克，姜片少许

调料

盐 3 克

做法

1 洗净去皮的莲藕切成块状，待用。

2 锅中注水大火烧开，倒入排骨，搅匀，汆煮片刻。

3 将排骨捞出，沥干水分，待用。

4 砂锅中注入适量清水烧热。

5 倒入排骨、莲藕、红腰豆、姜片，搅拌匀。

6 盖上锅盖，煮开后转小火煮 2 小时至熟透。

7 掀开锅盖，加入少许盐，搅匀调味。

8 将煮好的排骨盛出装入碗中即可。

 小贴士

切好的莲藕可以放在水里浸泡，以免氧化变黑。

瓦罐莲藕汤

烹饪时间 42分钟

原料

排骨 350 克，莲藕 200 克，姜片 20 克

调料

料酒 8 毫升，盐 2 克，鸡粉 2 克，胡椒粉适量

做法

1 洗净去皮的莲藕切厚块，再切条，改切成丁。

2 砂锅中注水烧开，倒入排骨，加入料酒，煮沸，汆去血水，捞出，待用。

3 瓦罐中注水烧开，放入排骨，盖上盖，煮至沸腾。

4 揭开盖，倒入姜片，盖上盖，烧开后用小火煮 20 分钟。

5 揭开盖子，倒入莲藕，再盖盖，小火续煮 20 分钟。

6 揭盖，放入鸡粉、盐，加入少许胡椒粉。

7 用勺拌匀调味，撇去汤中浮沫。

8 关火后盖上盖焖一会儿即可。

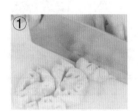

小贴士

熬汤时水要一次性加足，中途不能加凉水，否则排骨的蛋白质就不能充分溶解，并且汤会变浑浊。

272

木瓜排骨汤

烹饪时间
62 分钟

原料

木瓜 200 克，排骨 500 克，蜜枣 30 克，姜片 15 克

调料

盐 3 克，鸡粉 3 克，胡椒粉少许，料酒 4 毫升

做法

1 木瓜去皮，去籽，把果肉切长条，改切成丁。

2 排骨斩成块，倒入热水锅中，盖盖，用大火烧开。

3 揭盖，捞去锅中浮沫，放入蜜枣、姜片。

4 加入适量料酒，再放入木瓜。

5 盖上盖，烧开后用小火炖 1 小时至散发香味。

6 揭盖，加入适量鸡粉、盐、胡椒粉即成。

小贴士

木瓜丁不要切得太小，以免炖煮后过于熟烂，影响汤品外观和口感。

玉竹菱角排骨汤

烹饪时间
92分钟

原料

排骨 500 克，水发黄花菜 100
克，菱角 100 克，花生 50 克，
玉竹 20 克，姜片、葱段各少许

调料

盐 3 克

做法

1 锅中注水大火烧开，倒入排骨，汆煮去除血水，捞出。
2 砂锅中注水大火烧开。
3 倒入排骨、菱角、花生、玉竹、姜片、葱段，搅拌片刻。
4 盖上锅盖，烧开后转小火煮 1 个小时至熟软。
5 掀开锅盖，放入黄花菜，搅拌均匀。
6 盖上锅盖，续煮 30 分钟。
7 掀开锅盖，加入少许盐，搅拌片刻即可。

小贴士

黄花菜要完全泡发后再烹
制，以免影响其口感。

核桃花生猪骨汤

 烹饪时间
62 分钟

原料

花生 75 克，核桃仁 70 克，猪
骨块 275 克

调料

盐 2 克

小贴士

花生米的红衣营养丰富，
可不用去除。

做法

1 锅中注入适量清水烧开，放入洗净的猪骨块，汆煮
   片刻。

2 关火后捞出汆煮好的猪骨块，沥干水分，装入盘中，
   待用。

3 砂锅中注入适量清水烧开，倒入猪骨块、花生、核
   桃仁，拌匀。

4 加盖，大火煮开后转小火煮 1 小时至熟。

5 揭盖，加入盐。

6 搅拌片刻至入味。

7 关火后盛出煮好的汤，装入碗中即可。

莲子炖猪肚

 烹饪时间
122 分钟

原料

猪肚 220 克，水发莲子 80 克，姜片、葱段各少许

调料

盐 2 克，鸡粉、胡椒粉各少许，料酒 7 毫升

做法

1 将洗净的猪肚切开，再切条形，备用。

2 锅中注水烧开，放入猪肚条，淋入料酒，煮约 1 分钟。

3 捞出猪肚，沥干水分，待用。

4 砂锅中注水烧热，倒入姜片、葱段。

5 放入猪肚，倒入莲子，淋入料酒。

6 盖上盖，烧开后用小火煮约 2 小时，至食材熟透。

7 揭盖，加入少许盐、鸡粉、胡椒粉，拌匀，用中火煮至食材入味。

8 关火后盛出煮好的猪肚汤，装入碗中即可。

小贴士

用刀将猪肚内壁的白膜去掉后再煮，这样猪肚会更嫩滑爽口。

花胶瑶柱冬菇鸡汤

🍲 烹饪时间 120 分钟

原料

鸡肉块 200 克，水发香菇 30 克，干贝 10 克，花胶 20 克，淮山 20 克，桂圆肉 20 克，高汤适量，姜片、枸杞各少许

做法

1 锅中注水烧热，放入鸡肉块，汆去血水。

2 捞出汆煮好的鸡块，过一次凉水，备用。

3 砂锅中注入适量高汤烧开，倒入鸡块。

4 放入淮山、姜片、桂圆肉、干贝、香菇，搅拌均匀。

5 盖上锅盖，烧开后用小火煮 1 ~ 2 小时至食材熟软。

6 揭开锅盖，倒入花胶、枸杞，搅拌均匀。

7 盖上锅盖，续煮一会儿至花胶略微缩小。

8 关火后将煮好的汤料盛出，装入碗中即可。

小贴士

花胶腥味较重，在泡发时可以加适量黄酒去腥。

胡萝卜红枣枸杞鸡汤

烹饪时间
31分钟

原料

鸡腿 100 克，胡萝卜 90 克，红枣 20 克，枸杞 10 克，姜片少许

调料

盐、鸡粉各 2 克，料酒 15 毫升

小贴士

红枣浸泡的时间不宜过长，以免造成维生素流失。

做法

1 洗净去皮的胡萝卜对半切开，切条块，改切成丁；洗好的鸡腿斩成小块。

2 锅中注水烧开，加入料酒、鸡块，汆去血水，捞出待用。

3 砂锅中注水烧开，放入胡萝卜丁、枸杞、红枣。

4 倒入鸡块，再放入姜片，淋上少许料酒提味。

5 盖上盖，用大火烧开后转小火炖 30 分钟，至鸡肉熟软。

6 揭开盖，加入少许盐、鸡粉搅匀调味。

7 续煮一会儿，至汤汁入味即可。

药膳乌鸡汤

烹饪时间
65分钟

原料

乌鸡300克，姜片3克，党参5克，当归3克，莲子5克，山药4克，百合7克，薏米7克，杏仁6克，黄芪4克

调料

盐、鸡粉、味精、料酒、食用油各适量

小贴士

汤面上的浮沫应捞去，可去腥，还能使汤味更纯正。

做法

1 将洗净的乌鸡斩成块，放入热水锅中煮开，捞去浮沫，捞出备用。

2 起油锅，倒入姜片、鸡块，淋入少许料酒炒匀。

3 倒入适量清水，加入党参、当归、莲子、山药、百合、薏米、杏仁、黄芪。

4 用锅勺拌匀，加盖，用慢火焖1小时。

5 揭盖，加入盐、鸡粉、味精拌匀调味。

6 起锅，将炖煮好的汤料盛入碗内即可。

莲子芡实牛肚汤

 烹饪时间
91分钟

原料

水发莲子70克，红枣20克，
芡实30克，姜片25克，牛肚
250克

调料

盐、鸡粉各2克，料酒10毫升

做法

1 锅中注水烧开，倒入切好的牛肚，搅散，氽煮至变色。

2 将氽煮好的牛肚捞出，沥干水分，备用。

3 锅中注水烧开，撒入姜片，放入莲子、红枣、芡实、
牛肚。

4 淋入适量料酒，搅拌均匀。

5 盖上盖，烧开后转小火炖90分钟，至食材熟透。

6 揭开盖，放入适量盐、鸡粉。

7 搅拌片刻，至食材入味。

8 盛出炖煮好的汤料，装入碗中即可。

小贴士

牛肚要炖久一些，这样才能让其所含的蛋白质乳化，炖出乳白香浓的效果。

鲈鱼老姜苦瓜汤

烹饪时间
15分钟

原料

苦瓜块50克，鲈鱼肉60克，老姜10克，葱段少许

调料

盐1克，食用油适量

做法

1 砂锅置火上，注入油，倒入葱段、老姜爆香。

2 放入洗净的苦瓜块，注入适量清水。

3 加盖，用大火煮开。

4 揭盖，放入洗净的鲈鱼肉。

5 加盖，用小火续煮10分钟至食材熟。

6 揭盖，加入盐，搅匀调味即可。

小贴士

苦瓜可先用盐腌一会儿，析出汁液，可减少苦味。

苹果红枣鲫鱼汤

 烹饪时间
10分钟

原料

鲫鱼500克，去皮苹果200克，红枣20克，香菜叶少许

调料

盐3克，胡椒粉2克，水淀粉、料酒、食用油各适量

做法

1 洗净的苹果去核，切成块。

2 往鲫鱼身上加上盐，淋入料酒，腌渍10分钟入味。

3 用油起锅，放入鲫鱼，煎约2分钟至金黄色。

4 往锅中注水，倒入红枣、苹果，大火煮开，加入盐，拌匀。

5 加盖，中火续煮5分钟至入味。

6 揭盖，加入胡椒粉，拌匀。

7 倒入水淀粉，拌匀。

8 关火后将煮好的汤装入碗中，放上香菜叶即可。

小贴士

鲫鱼要处理干净，把鱼身上的水擦干，这样煮制时不容易掉皮。

萝卜鲫鱼汤

烹饪时间 21分钟

原料

鲫鱼1条,白萝卜250克,姜丝、葱花各少许

调料

盐5克,鸡粉3克,料酒、食用油、胡椒粉各适量

煮鲫鱼时先旺后中,保持沸腾的状态至汤汁奶白。

做法

1 将洗净的去皮白萝卜切片,切成丝。

2 用油起锅,倒入姜丝爆香。

3 放入宰杀处理干净的鲫鱼略煎,煎至焦黄。

4 淋入料酒,加足量热水,加盐、鸡粉,大火煮15分钟。

5 揭盖,放入白萝卜丝,煮约2分钟,加入胡椒粉。

6 把锅中材料倒入砂锅中。

7 砂锅置于旺火上,用大火烧开。

8 关火,撒上备好的葱花即可。

鲫鱼豆腐汤

烹饪时间
10分钟

原料

鲫鱼200克，豆腐100克，葱花、葱段、姜片各少许

调料

盐、鸡粉、胡椒粉各2克，料酒10毫升，食用油适量

做法

1 豆腐切成小块；处理干净的鲫鱼两面打上一字花刀。

2 用油起锅，倒入鲫鱼，稍煎一下。

3 放上姜片、葱段，翻炒爆香。

4 淋上料酒，注水，倒入豆腐块，稍稍搅拌片刻。

5 大火煮开后转小火煮8分钟至汤色变白。

6 加入盐、鸡粉、胡椒粉，拌匀入味。

7 关火后将煮好的汤盛入碗中。

8 撒上备好的葱花即可。

小贴士

煎鲫鱼时翻动不宜过勤，以免煎破鱼皮。

桂圆养血汤

原料

桂圆肉 30 克，鸡蛋 1 个

调料

红糖 35 克

做法

1 将鸡蛋打入碗中，搅散。

2 砂锅中注水烧开，倒入桂圆肉，搅拌一下。

3 盖上盖，用小火煮约 20 分钟，至桂圆肉熟。

4 揭盖，加入红糖，搅拌均匀。

5 倒入鸡蛋，边倒边搅拌。

6 继续煮约 1 分钟，至汤入味。

7 关火后盛出煮好的汤，装在碗中即可。

小贴士

如果觉得此道汤品太甜腻，也可以加少量红糖或不加。

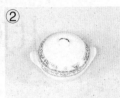

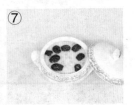

奶香雪蛤汤

 烹饪时间
122分钟

原料

水发雪蛤油70克，葡萄干70克，白糖50克，红枣55克，牛奶50毫升

做法

1 取炖盅，倒入洗净的红枣、雪蛤油、葡萄干，注入适量清水，拌匀。
2 盖上盖子，待用。
3 取电蒸笼，注入适量清水烧开，放上炖盅。
4 盖上蒸笼盖，将旋钮调至"炖"。
5 自行设置时间为120分钟，开始炖制。
6 打开盖子，将旋钮调至"关"档，取出炖盅。
7 打开炖盅的盖子，加入白糖、牛奶，拌匀即可。

小贴士

做好了的雪蛤汤一定要趁热吃，冷了就不好吃，而且有腥味。

丝瓜豆腐汤

烹饪时间
8分钟

原料

豆腐 250 克，去皮丝瓜 80 克，
姜丝、葱花各少许

调料

盐、鸡粉各 1 克，陈醋 5 毫升，
芝麻油、老抽各少许

做法

1 洗净的丝瓜切厚片。

2 洗好的豆腐切厚片，切粗条，改切成块。

3 沸水锅中倒入备好的姜丝。

4 放入豆腐块、丝瓜，稍煮片刻至沸腾。

5 加入盐、鸡粉、老抽、陈醋。

6 将材料拌匀，煮约 6 分钟至熟透。

7 关火后盛出煮好的汤，装入碗中。

8 撒上葱花，淋入芝麻油即可。

豆腐用淡盐水浸泡 10 分钟后再煮制，既可除去豆腥
味，又能使豆腐不易碎。

男性：强身健体汤

男人拥有比女人更发达的肌肉，是力量的化身，也需要消耗更多的热量。男人的胆固醇代谢经常遭到破坏，因此他们易患高血压、缺血性心脏病、中风、心肌梗塞等疾病。男人应该怎么吃呢？

男人进补原则与禁忌

进补原则

◎ 食物多样：不吃或少吃甜食，营养搭配合理，每天吃富含膳食纤维、维生素和矿物质的蔬菜水果。同时适当进食鸡、鸭、鱼、肉等动物性食物能提供优质的蛋白质，可以增强机体的免疫力。奶类制品富含钙质，有益于骨骼健康。牡蛎等海产品中含有丰富的锌，有益于男性性功能和身体健康。

◎ 清淡饮食，低脂少盐：要以植物性食物为主。脂肪量过多会引起肥胖，增加患动脉粥样硬化、结肠癌、前列腺癌等的危险。饮食要清淡，盐摄入过多会增加高血压的危险。膳食不能太油腻、太咸，不要摄食过多的油炸、烟熏、腌制食物。

◎ 常吃坚果：坚果营养丰富，除富含蛋白质和脂肪外，还含有大量的维生素 E、叶酸、镁、钾、铜、单不饱和脂肪酸和多不饱和脂肪酸及较多的膳食纤维，对健康有益。每周吃少量的坚果可能有助于心脏的健康。

禁忌

◎ 不吃凉性食物：凉性食物易造成胃虚，冬季胃本来就比较脆弱，凉性的食物易造成体内胃着凉，应该要多吃热性的食物。

◎ 忌食油腻煎炸的食物：忌食油腻煎炸的食物，冬季食用后难以消化，容易积于胃内。加之脾胃功能较弱，食用油腻煎炸的食物会加重体内积滞之热，不利于人体适应冬季干燥的特性。

◎ 忌食辛辣香燥的食物：冬季吃辛辣的食物虽然可以祛除寒冷，但是蒜、葱、生姜、八角、茴香等辛辣的食物和调品，多食助燥伤阴，可以加重内热，使燥邪侵犯人体，容易导致胃炎。

淮山百合排骨汤

原料

淮山百合排骨汤汤包1包（玉竹、淮山、枸杞、龙牙百合、薏米），排骨块100克，清水1000毫升

调料

盐2克

做法

1 将玉竹、淮山、枸杞、龙牙百合、薏米装入碗中，倒入清水泡发10分钟。

2 将泡好的汤料沥干水分，装入碗中备用。

3 锅中注水烧开，放入排骨块，汆煮片刻；关火后，捞出待用。

4 砂锅中注水烧开，倒入排骨块、玉竹、淮山、龙牙百合、薏米，拌匀。

5 加盖,大火煮开转小火煮100分钟至有效成分析出。

6 揭盖，放入枸杞，拌匀；加盖，续煮20分钟至枸杞熟。

7 揭盖，加盐，稍稍搅拌至入味；关火后盛出煮好的汤，装入碗中即可。

排骨汆煮时间不要太久，以免营养成分流失。

薏米茶树菇排骨汤

烹饪时间 63分钟

原料

排骨280克，水发茶树菇80克，水发薏米70克，香菜、姜片各少许

调料

盐、鸡粉、胡椒粉各2克

做法

1 洗净的茶树菇切去根部，对切成长段。
2 锅中注入适量的清水大火烧开。
3 倒入处理好的排骨，汆煮去除血水。
4 将排骨捞出，沥干水分，待用。
5 砂锅中注入适量的清水大火烧开。
6 倒入排骨、薏米、茶树菇、姜片，拌匀。
7 盖上盖，大火煮开后转小火煮1个小时。
8 掀开盖，加入盐、鸡粉、胡椒粉，搅拌调味，摆放上香菜即可。

小贴士

给排骨汆水时可淋入少许料酒，口感会更鲜美。

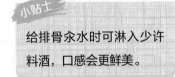

茅根瘦肉汤

烹饪时间
62分钟

原料

猪瘦肉200克，茅根8克，姜片、葱花各少许

调料

盐2克，料酒3毫升

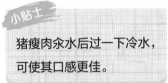

猪瘦肉汆水后过一下冷水，可使其口感更佳。

做法

1 将洗净的猪瘦肉切片，再切大块。

2 锅中注入适量清水烧开，放入瘦肉块。

3 拌匀，淋入少许料酒，煮约1分钟。

4 捞出汆煮好的瘦肉，沥干水分，待用。

5 砂锅中注入适量清水烧开，倒入洗净的茅根。

6 再放入汆过水的瘦肉块，撒上姜片。

7 盖上盖，烧开后用小火煮约1小时，至食材熟透。

8 揭盖，加入少许盐，拌匀调味撒上葱花即成。

豆蔻补骨脂猪腰汤

 烹饪时间
41分钟

原料

肉豆蔻 15 克，补骨脂 10 克，枸杞 8 克，猪腰 200 克，姜片 20 克

调料

盐、鸡粉各 2 克，料酒 10 毫升

小贴士

猪腰的筋膜腥味很重，处理时一定要剔除干净。

做法

1 洗净的猪腰切去筋膜，再切成片，备用。

2 锅中注入适量清水烧开。

3 倒入切好的猪腰，搅散，煮至变色。

4 捞出氽煮好的猪腰，沥干水分，备用。

5 砂锅中注入适量清水烧开，撒入姜片，放入备好的药材。

6 放入氽过水的猪腰，淋入适量料酒。

7 盖上盖，烧开后用小火炖 40 分钟，至药材析出有效成分。

8 揭开盖，放入少许盐、鸡粉搅拌即可。

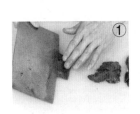

莲子补骨脂猪腰汤

 烹饪时间
43分钟

原料

水发莲子120克，姜片20克，芡实40克，补骨脂10克，猪腰300克

调料

盐、鸡粉各2克，料酒10毫升

做法

1 洗净的猪腰切开，去除筋膜，切成小块，备用。
2 砂锅中注入适量清水烧开。
3 倒入补骨脂、芡实，撒入姜片，放入莲子。
4 盖上盖，用小火煮20分钟，至药材析出有效成分。
5 揭开盖，倒入猪腰，淋入料酒，盖盖，小火续煮至食材熟透。
6 揭开盖，放入少许盐、鸡粉，搅拌。
7 将煮好的汤盛出，装入碗中即可。

 小贴士

泡发莲子的时间要长一些，这样更易炖熟烂。

清炖猪腰汤

🍲 烹饪时间
62分钟

原料

猪腰 130 克，红枣 8 克，枸杞、姜片各少许

调料

盐、鸡粉各少许，料酒 4 毫升

做法

1 猪腰对半切开，去除筋膜，切上花刀，再切成薄片。

2 锅中注水烧热，放入猪腰片再淋入少许料酒，搅动几下。

3 用大火煮一会儿，至猪腰变色，捞出，沥干水分，待用。

4 取来炖盅，放入猪腰、红枣、枸杞和姜片。

5 注入开水，淋入料酒，盖上盖，静置片刻，待用。

6 蒸锅上火烧开，放入炖盅，盖盖，用小火炖约 1 小时。

7 揭开锅盖，取出炖好的食材，加入少许盐、鸡粉搅拌即可。

小贴士

猪腰的腥臊味较重，汆煮的时间可以适当长一些。

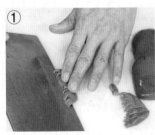

三子杜仲益肾汤

烹饪时间
182 分钟

原料

菟丝子 10 克，桑葚子 10 克，杜仲 25 克，枸杞 15 克，红枣 20 克，水发海参 150 克，鸡肉 300 克

调料

盐 2 克

做法

1 锅中注水烧开，放入海参，汆煮片刻，捞出备用。
2 往锅中倒入鸡肉，汆煮片刻，捞出，装盘待用。
3 砂锅中注水，倒入鸡肉、海参、杜仲、红枣、枸杞、菟丝子、桑葚，拌匀。
4 加盖，大火煮开转小火煮 3 小时至食材熟透。
5 揭盖，加入盐，搅拌片刻至入味。
6 关火盛出煮好的汤，装入碗中即可。

小贴士

药材一定要煮透，使其药效发挥出来。

参归石斛鳝鱼汤

 烹饪时间
62 分钟

原料

鳝鱼 350 克，党参 6 克，当归 6 克，石斛 7 克，姜片、葱花各少许

调料

盐 2 克，鸡粉 2 克，胡椒粉少许，料酒 10 毫升

余煮鳝鱼的时间不宜过长，以表皮稍微破裂且鳝鱼微有弯曲最为适宜。

做法

1 把党参、当归、石斛放入隔渣袋中待用。

2 锅中注水烧开，加入少许料酒、切好的鳝鱼块，余去血水；捞出备用。

3 砂锅中注清水烧开，放入隔渣袋。

4 盖上盖，烧开后转小火再炖 20 分钟至药材析出有效成分。

5 揭盖，倒入鳝鱼，放入姜片，淋入少许料酒。

6 盖上盖，烧开后转小火再炖 40 分钟至食材入味。

7 揭盖，取出隔渣袋，放入少许盐、鸡粉、胡椒粉，拌匀调味。

8 关火后，盛出煮好的汤料，装入碗中，撒上葱花即可。

桑葚牛骨汤

烹饪时间
124分钟

原料

桑葚 15 克，枸杞 10 克，姜片 20 克，牛骨 600 克

调料

盐 3 克，鸡粉 3 克，料酒 20 毫升

④

⑤

⑦

⑧

做法

1　锅中注入适量清水烧开。

2　倒入洗净的牛骨，搅散。

3　淋入适量料酒，煮至沸。

4　将氽煮好的牛骨捞出，沥干水分，待用。

5　砂锅中注入适量清水烧开，倒入氽过水的牛骨。

6　放入洗净的桑葚、枸杞、姜片，淋入适量料酒。

7　盖上盖，用小火炖 2 小时，至食材熟透。

8　揭开盖，放入少许盐、鸡粉，搅拌即可。

小贴士

出锅前可以将汤中的浮沫去除，口感会更佳。

奶香牛骨汤

烹饪时间
123分钟

原料

牛奶 250 毫升，牛骨 600 克，香菜 20 克，姜片少许

调料

盐 2 克，鸡粉 2 克，料酒适量

做法

1 洗净的香菜切段，备用。

2 锅中注入适量清水烧开，倒入洗净的牛骨。

3 淋入料酒，煮至沸，氽去血水。

4 把牛骨捞出，沥干水分，装盘备用。

5 砂锅中注入适量清水烧开，放入牛骨，撒入姜片。

6 淋入适量料酒，盖上盖，用小火炖 2 小时至熟。

7 揭开盖，加入盐、鸡粉调味。

8 倒入牛奶，拌匀，煮沸；把煮好的牛骨汤装入碗中，放上香菜即可。

小贴士

牛奶不宜加热太久，以免破坏其营养。

黄芪红枣牛肉汤

 烹饪时间 **120 分钟**

原料

黄芪红枣牛肉汤汤料包 1 包（黄芪、花生、红枣、莲子、香菇），牛肉 200 克，水 800 毫升

调料

盐适量

做法

1 将莲子倒入装有清水的碗中，泡发 1 小时。

2 将香菇倒入装有清水的碗中，泡发 30 分钟。

3 黄芪、花生、红枣倒入装有清水的碗中，泡发 10 分钟。

4 砂锅中注水，倒入汆煮好的牛肉块。

5 再倒入泡发滤净的莲子、香菇、黄芪、花生、红枣，搅拌匀。

6 盖上锅盖，开大火煮开转小火煲煮 2 个小时，加盐，搅匀调味。

小贴士

牛肉纤维较粗，可以切得小块点更方便食用。

胡萝卜牛肉汤

烹饪时间
93分钟

原料

牛肉 125 克，去皮胡萝卜 100 克，姜片、葱段各少许

调料

盐、鸡粉各 1 克，胡椒粉 2 克

做法

1 胡萝卜切滚刀块；牛肉切块。

2 深烧锅中注水烧热，倒入牛肉，汆煮至去除脏污，捞出待用。

3 深烧锅置火上，注水烧开，倒入牛肉。

4 放入姜片、葱段，搅匀。

5 加盖，用大火煮开后转小火续煮 1 小时至熟软。

6 揭盖，倒入胡萝卜，续煮 30 分钟至胡萝卜熟软。

7 揭盖，加入盐、鸡粉、胡椒粉搅匀调味。

小贴士

汆煮牛肉时要把浮沫略去，以免它们附着在牛肉上，影响卫生和口感。

307

红腰豆鲫鱼汤

🍲 烹饪时间
19分钟

原料

鲫鱼 300 克，熟红腰豆 150 克，
姜片少许

调料

盐 2 克，料酒、食用油各适量

做法

1 用油起锅，放入处理好的鲫鱼。
2 注入适量清水。
3 倒入姜片、红腰豆，淋入料酒。
4 加盖，大火煮 17 分钟至食材熟透。
5 揭盖，加入盐，稍煮片刻至入味。
6 关火，将煮好的鲫鱼汤盛入碗中即可。

小贴士

鲫鱼要处理干净，把鱼身上的水擦干，这样煮制时不
容易掉皮。

②

③

④

⑤

枸杞桂圆党参汤

烹饪时间
22分钟

原料

党参20克，桂圆肉30克，枸杞8克

调料

白糖25克

做法

1 砂锅中注入适量清水烧开。

2 倒入备好的党参、桂圆肉、枸杞。

3 盖上盖，用小火煮约20分钟。

4 揭开盖，放入白糖，搅拌匀，煮至溶化。

5 关火后盛出煮好的汤料，装入碗中即可。

小贴士

把药材装入隔渣袋，煮好后捞出，可减少汤中的杂质。

牛蒡丝瓜汤

烹饪时间 16分钟

原料

牛蒡120克，丝瓜100克，姜片、葱花各少许

调料

盐2克，鸡粉少许

②

③

④

⑥

做法

1 洗净去皮的牛蒡切滚刀块。

2 洗好去皮的丝瓜切滚刀块，待用。

3 锅中注入适量清水烧热，倒入牛蒡、姜片搅匀。

4 盖上锅盖，烧开后用小火煮约15分钟至其熟软。

5 揭开盖，倒入丝瓜，搅拌均匀，大火煮至熟透。

6 加入少许盐、鸡粉，搅匀调味。

7 关火后盛出煮好的汤料，装入碗中，撒上葱花即可。

小贴士

丝瓜不宜煮太久，以免破坏其营养。

女性：养颜调理汤

女人是水做的，更需要温柔呵护，在吃的方面最好不要随心所欲。同时爱美的女性也应该注意均衡膳食，摄入不同的营养元素。

女性进补原则及禁忌

进补原则

◎ 减少摄入脂肪：一般来说，女性要控制总热量的摄入，减少脂肪摄入量，少吃油炸食品，以防超重和肥胖。

◎ 多吃维生素：维生素本身并不产生热能，但它们是维持生理功能的重要成分，特别是与脑和神经代谢有关的维生素，如维生素 B_1、维生素 B_6 等。这类维生素在糙米、全麦、苜蓿中含量较丰富，因此日常膳食中粮食不宜太精。另外，抗氧化营养素如 β－胡萝卜素、维生素 C、维生素 E，有利于提高工作效率，在各种新鲜蔬菜和水果中含量尤为丰富。由于现代女性工作繁忙，饮食中的维生素营养常被忽略，故不妨用一些维生素补充剂，来保证维生素的均衡水平。

◎ 注重矿物质的供给：女性在月经期，伴随着血红细胞的丢失，还会丢失许多铁、钙和锌等矿物质。因此，在月经期和月经后，女性应多摄入一些钙、镁、锌和铁，以提高脑力劳动的效率，可多饮牛奶、豆奶或豆浆等。

◎ 摄入氨基酸：现代女性中不少人是脑力劳动者，因此营养脑神经的氨基酸供给要充足。脑组织中的游离氨基酸含量以谷氨酸为最高，其次是牛磺酸，再就是天门冬氨酸。豆类、芝麻等含谷氨酸及天门冬氨酸较丰富，应适当多吃。

禁忌

◎ 避免食用含咖啡因的饮料：咖啡、茶等饮料会增加焦虑、不安的情绪，可改喝大麦茶、薄荷茶。

◎ 少吃冷饮和冰冷食物：大多数女人都是体寒体质，身体畏寒，血凉，所以哪怕是夏天，也应该少吃冰冷的食物，吃冷饮后肠胃半小时后才能恢复到正常的温度，才能正常工作。

◎ 甜食要少吃：摄入糖分后，糖分子会在酶的作用下附在蛋白质纤维中，这个过程被称为糖基化，糖基化是引起人类衰老的主要原因之一，因此我们应该要减少单糖和双糖的摄入。

虫草花瑶柱排骨汤

🍲 烹饪时间
122 分钟

原料

虫草花瑶柱排骨汤汤料包 1 包，（虫草花、瑶柱、杜仲、枸杞、芡实、黑豆），排骨 200 克，水 1000 毫升

调料

盐 2 克

小贴士

杜仲口感不佳，不建议食用，可放入隔渣袋中。

做法

1 黑豆泡发 2 小时；虫草花、枸杞泡发 10 分钟。
2 杜仲、芡实装碗，泡发 10 分钟；瑶柱单独泡发 10 分钟。
3 捞出泡好的食材，沥干水分，装盘备用。
4 沸水锅中倒入排骨，汆煮去除血水，捞出待用。
5 砂锅注水，倒入排骨、黑豆、瑶柱、杜仲、芡实，搅匀。
6 加盖，用大火煮开后转小火续煮 100 分钟。
7 揭盖，加入虫草花、枸杞，煮约 20 分钟至食材熟软。
8 揭盖，加入盐搅匀调味即可。

冬瓜黄豆淮山排骨汤

烹饪时间
122 分钟

原料

冬瓜 250 克，排骨块 300 克，水发黄豆 100 克，水发白扁豆 100 克，党参 30 克，
淮山 20 克，姜片少许

调料

盐 2 克

②

④

⑤

⑦

做法

1 洗净的冬瓜切块。

2 锅中注入适量清水烧开，倒入排骨块，汆煮片刻。

3 关火后捞出汆煮好的排骨块，沥干水分，装入盘中待用。

4 砂锅中注入适量清水，倒入排骨块、冬瓜、黄豆、白扁豆、
姜片、淮山、党参，拌匀。

5 加盖，大火煮开转小火煮 2 小时至有效成分析出。

6 揭盖，加入盐。

7 稍稍搅拌至入味。

8 关火后盛出煮好的汤，装入碗中即可。

小贴士

由于排骨本身有油分，所以不需要放食用油。

① ② ③ ④

四物汤

🍲 烹饪时间
123 分钟

原料

四物汤汤料1/2包（当归、熟地、
白芍、川芎），排骨150克，
清水 800~1000 毫升

调料

盐 2 克

小贴士

汆好的排骨可以过一下
凉水，能使肉质更紧实，
锁住营养。

做法

1 将当归、熟地、白芍、川芎放入碗里，倒入清水泡
  发5分钟。

2 捞出泡好的食材，沥干，装入隔渣袋中，待用。

3 沸水锅中放入排骨，汆煮去除血水，捞出待用。

4 砂锅注水，倒入排骨，放入装好汤料的隔渣袋。

5 加盖，用大火煮开后转小火续煮 2 小时至食材有效
  成分析出。

6 揭盖，取出隔渣袋，加入盐搅匀调味。

7 关火后盛出煮好的汤，装碗即可。

益母莲子汤

🍲 烹饪时间
123 分钟

原料

益母莲子汤汤料包 1 包（益母草、莲子、红枣、山楂、银耳、冰糖），排骨块 200 克，清水 1000 毫升

调料

冰糖适量

做法

1 将益母草装入隔渣袋中，系好。

2 红枣、山楂泡发 10 分钟，银耳泡发 30 分钟，莲子泡发 1 小时。

3 取出泡发好的食材，沥干水分，装入碗中待用。

4 将泡发好的银耳切去根部，切成小朵，待用。

5 砂锅中注水烧开，放入排骨块，余煮片刻，捞出待用。

6 砂锅中注水烧开，放入汤料、排骨块。

7 加盖，大火煮开后转小火续煮 105 分钟至食材有效成分析出。

8 加入冰糖，续煮 15 分钟至冰糖溶化即可。

 小贴士

可以根据自己的喜好，选择其他肉类，如鸡肉等。

银耳猪肝汤

原料

水发银耳20克，猪肝50克，
小白菜20克，葱段、姜片
各少许

调料

盐3克，生粉2克，酱油3
毫升，食用油适量

做法

1 锅中注油烧热，放入姜片、葱段，爆香。

2 锅中注水烧开，放入洗净切碎的银耳，拌匀。

3 倒入用盐、生粉、酱油腌渍过的猪肝，用中火煮约
  10分钟至熟。

4 放入洗净切好的小白菜，煮至变软。

5 加少许盐调味，拌煮片刻至入味。

6 关火后盛出煮好的汤料，装入碗中即可。

小贴士

银耳泡发后，要去除根部，
能提高成品的口感。

当归生姜羊肉汤

烹饪时间
122 分钟

〔原料〕

羊肉 400 克，当归 10 克，姜片 40 克，香菜段少许

〔调料〕

料酒 8 毫升，盐 2 克，鸡粉 2 克

①

〔做法〕

1 锅中注入适量清水烧开，倒入羊肉，搅拌匀。

2 加入料酒，煮沸，汆去血水。

3 把羊肉捞出，沥干水分，待用。

4 砂锅注入适量清水烧开，倒入当归和姜片。

5 放入汆过水的羊肉，淋入料酒，搅拌匀。

6 盖上盖，小火炖 2 小时至羊肉软烂。

7 揭开盖子，放盐、鸡粉，拌匀调味。

8 夹去当归和姜片，撒上香菜段即可。

④

⑥

⑧

〔小贴士〕

羊肉汤炖制时间较长，砂锅中应多放些清水，避免炖干。

莲藕核桃栗子汤

烹饪时间 122 分钟

原料

水发红莲子65克，红枣40克，核桃65克，陈皮30克，鸡肉块180克，板栗仁75克，莲藕100克

调料

盐2克

做法

1 洗净的莲藕切块。

2 锅中注入适量清水烧开，放入鸡块，氽煮片刻。

3 关火后捞出鸡块，沥干水分，装盘备用。

4 砂锅中注入适量清水烧开，倒入鸡块、藕块、红枣、陈皮、红莲子、板栗仁、核桃，拌匀。

5 加盖，大火煮开后转小火煮2小时至熟。

6 揭盖，加入盐，搅拌片刻至入味即可。

小贴士

处理好的莲藕最好立刻煮制，以免氧化。

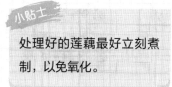

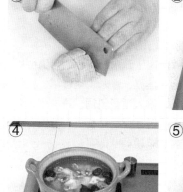

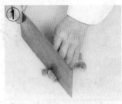

黑豆益母草瘦肉汤

烹饪时间 61分钟

原料

水发黑豆70克，水发薏米60克，益母草10克，枸杞8克，猪瘦肉250克

调料

料酒10毫升，盐、鸡粉各2克

做法

1 洗净的猪瘦肉切成条，再切丁，备用。
2 锅中注水烧开，倒入瘦肉丁，汆至变色，捞出待用。
3 砂锅中注水烧开，倒入黑豆、薏米、益母草、枸杞。
4 放入汆过水的瘦肉丁，淋入适量料酒。
5 盖上盖，用小火炖1小时，至药材析出有效成分。
6 揭开盖，放入少许盐、鸡粉调味即可。

如果女性食用这道汤，可以适量多添加一些益母草。

淮山芡实老鸽汤

烹饪时间
61 分钟

原料

鸽子 200 克，淮山 45 克，芡实 40 克，桂圆肉 40 克，枸杞 8 克，姜片 20 克

调料

盐 2 克，鸡粉 2 克，料酒 10 毫升，胡椒粉适量

鸽子肉以炖煮至用筷子能轻松插入为宜。

做法

1 鸽子斩成小块，倒入热水锅，淋量料酒，煮至沸，汆去血水。

2 捞出汆煮好的鸽肉，沥干水分。

3 砂锅中注水烧开，倒入姜片，放入淮山、芡实、桂圆肉、枸杞。

4 倒入汆过水的鸽肉，淋入少许料酒。

5 盖上盖，烧开后用小火炖 1 小时，至食材熟烂。

6 揭开盖，放入少许盐、鸡粉、胡椒粉。

7 略煮片刻，搅拌匀，至食材入味。

8 盛出炖好的鸽汤，装入碗中即可。

枣仁补心血乌鸡汤

烹饪时间
103 分钟

原料

枣仁补心血乌鸡汤汤料包 1/2 包（酸枣仁、怀山药、枸杞、天麻、玉竹、红枣），乌鸡 200 克，水 1000 毫升

调料

盐 2 克

做法

1. 将酸枣仁装进隔渣袋里，装入清水碗中。
2. 放入红枣、玉竹、天麻、怀山药，泡发 10 分钟后，捞出待用。
3. 枸杞单独装碗，泡发 10 分钟，捞出待用。
4. 沸水锅中倒入乌鸡块，氽去血水后捞出待用。
5. 砂锅注入清水，倒入乌鸡块、红枣、玉竹、天麻、怀山药和装有酸枣仁的隔渣袋。
6. 加盖，用大火煮开后转小火续煮 100 分钟。
7. 揭盖，加入枸杞煮熟软，加盐调味即可。

红枣核可以事先去除，能减少燥热的可能。

茯苓笋干老鸭汤

烹饪时间
122 分钟

原料

茯苓笋干老鸭汤汤料包 1/2 包
（土茯苓、白扁豆、无花果、
笋干），老鸭块 200 克

调料

盐 2 克

做法

1　将土茯苓装入隔渣袋里，系好袋口，装入碗中，倒入清水泡发 10 分钟。

2　将白扁豆、笋干装入碗中，倒入清水泡发 2 小时。

3　再将无花果装入碗中，倒入清水泡发 30 分钟。

4　将泡好的食材取出，沥干水分，装入盘中备用。

5　锅中注水烧开，放入老鸭块，余煮片刻后捞出，沥干水分，装盘待用。

6　砂锅中注水，倒入老鸭块、土茯苓、白扁豆、笋干，拌匀。

7　加盖，大火煮开转小火煮 90 分钟；揭盖，放入无花果，拌匀。

8　加盖，续煮 30 分钟至无花果熟；揭盖，加入盐，稍稍搅拌至入味即可。

小贴士

可以根据自己的喜好，选择其他肉类，味道一样好。

黄芪红枣鳝鱼汤

烹饪时间 54 分钟

原料

鳝鱼肉 350 克，鳝鱼骨 100 克，黄芪、红枣、姜片、蒜苗少许

调料

盐、鸡粉各 2 克，料酒 4 毫升

做法

1 洗好的蒜苗切成粒。

2 鳝鱼肉切上网格花刀，再切段；鳝鱼骨切成段。

3 锅中注水烧开，倒入鳝鱼骨拌匀，汆去血水，捞出待用。

4 沸水锅中倒入鳝鱼肉，拌匀，汆去血水后，捞出沥干待用。

5 砂锅中注水烧热，倒入红枣、黄芪、姜片。

6 盖上盖，大火煮沸后倒入鳝鱼骨，烧开后小火煮约 30 分钟。

7 揭开盖，放入鳝鱼肉，加入盐、鸡粉、料酒，小火煮约 20 分钟。

8 揭开盖，搅拌均匀，撒上蒜苗拌匀即可。

小贴士

在煮鳝鱼时可加入少许醋，能去除腥味。

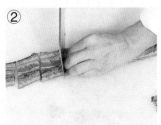

薏米鳝鱼汤

烹饪时间 36 分钟

原料

鳝鱼 120 克，水发薏米 65 克，姜片少许

调料

盐、鸡粉各 3 克，料酒 3 毫升

做法

1 将处理干净的鳝鱼切成小块。

2 把鳝鱼块装入碗中，加少许盐、鸡粉、料酒，抓匀，腌渍 10 分钟至其入味。

3 汤锅中注入适量清水，用大火烧开，放入洗好的薏米，搅匀。

4 盖上盖，烧开后用小火煮 20 分钟，至薏米熟软。

5 揭盖，放入鳝鱼，搅匀，加入姜片，再盖上盖，用小火续煮 15 分钟，至食材熟烂。

6 揭盖，放入盐、鸡粉调味，将煮好的汤盛出，装入碗中即可。

小贴士

可以用适量面粉搓洗鳝鱼，以去除其表面的黏性液质，这样就不会影响汤汁的口感。

①

②

③

④

⑤

⑥

人参红枣汤

烹饪时间
32 分钟

原料

人参 10 克，红枣 15 克

①

②

③

④

做法

1 砂锅中注入适量清水烧热。

2 倒入洗好的红枣、人参，拌匀。

3 盖上盖，大火煮开后用小火煮 30 分钟至药材析出有效成分。

4 揭盖，关火后盛出煮好的药汤，装入碗中。

5 趁热饮用即可。

小贴士

人参可以切碎一些再煮，这样有利于析出其药性。

木瓜银耳汤

烹饪时间 43分钟

原料

木瓜 200 克，枸杞 30 克，水发莲子 65 克，水发银耳 95 克

调料

冰糖 40 克

做法

1 洗净的木瓜切块，待用。

2 砂锅注水烧开，倒入切好的木瓜。

3 放入洗净泡好的银耳、莲子，搅匀。

4 加盖，用大火煮开后转小火续煮30分钟至食材变软。

5 揭盖，倒入枸杞、冰糖搅拌均匀。

6 加盖，续煮 10 分钟至食材熟软入味即可。

小贴士

银耳需事先把黄色根部去除，以免影响口感。

花胶响螺海底椰汤

烹饪时间
122 分钟

原料

花胶响螺海底椰汤汤料包 1/2
包（花胶、响螺片、海底椰、
红枣、玉竹、龙牙百合、北沙
参），莲藕块 200 克

调料

盐 2 克

做法

1 将海底椰装入隔渣袋里，系好袋口，装入碗中，再
　 放入红枣、北沙参、玉竹，倒入清水泡发 10 分钟，
　 取出待用。

2 花胶泡发 12 小时，响螺片泡发 5 小时，取出待用。

3 龙牙百合泡发 20 分钟，取出待用。

4 砂锅中注水，倒入莲藕块、北沙参、玉竹、红枣、
　 响螺片、海底椰、花胶，拌匀。

5 加盖，大火煮开转小火煮 100 分钟至有效成分析出。

6 揭盖，放入龙牙百合，拌匀。

7 加盖，续煮 20 分钟至龙牙百合熟，加盐搅拌。

小贴士

切好的莲藕要放入凉水中浸泡，以免氧化变黑。

红枣冰糖雪蛤汤

原料

水发雪蛤油 70 克，红枣 55 克

调料

冰糖 35 克

做法

1 砂锅中注入适量清水，放入洗净的红枣、雪蛤油、冰糖，拌匀。

2 加盖，大火煮开后转小火煮 90 分钟，至析出有效成分。

3 揭盖，稍稍搅拌至入味。

4 关火后盛出煮好的汤，装入碗中即可。

小贴士

泡发雪蛤油的时候放少许姜片，这样能去除腥味。

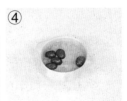

莲子枸杞花生红枣汤

烹饪时间 22分钟

原料

水发花生 40 克，水发莲子 20 克，红枣 30 克，枸杞少许

调料

白糖适量

做法

1 锅中注入适量清水大火烧开。

2 将花生、莲子、红枣倒入锅中，搅拌均匀。

3 盖上盖子，用小火煮 20 分钟至食材熟透。

4 揭开盖子，加入枸杞、白糖。

5 搅拌片刻，使白糖完全溶化。

6 将煮好的甜汤盛出，装入碗中即可。

小贴士

枸杞不要太早倒入，以免煮烂了。

⑤

⑥

⑦

⑧

八珍汤

🍲 烹饪时间
123 分钟

原料

八珍汤汤料包 1/2 包（高丽参、当归、川芎、白芍、熟地、白术、茯苓、炙甘草），排骨 300 克，水 1000 毫升

调料

盐 2 克

做法

1 将高丽参、当归、川芎、白芍、熟地、白术以及炙甘草、茯苓分别放入 2 个装有清水的碗中。

2 将炙甘草、茯苓滤出，装入隔渣袋，收紧袋口。

3 依次将食材滤出装入 2 个碗中。

4 再将清水注入，将食材浸泡 5~8 分钟。

5 锅中注水大火烧开，倒入排骨，余去杂质，捞出。

6 砂锅中注水，倒入排骨、泡发滤净的汤料及隔渣袋。

7 盖上锅盖，开大火煮开后转小火炖 2 个小时。

8 掀开锅盖，加入少许盐，搅匀调味即可。

余好水的排骨在凉水中浸泡片刻，汤的口感会更好。